POP radio Fm91.7

Watch

王莽.洪秀全 古代失敗網紅

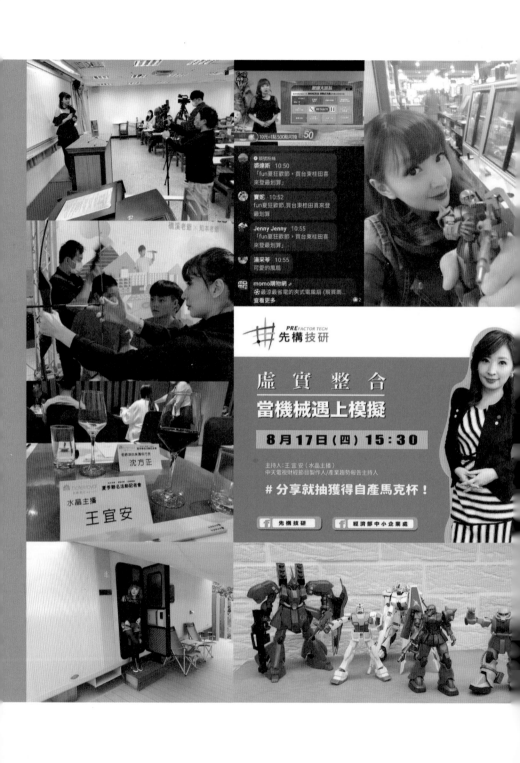

● REC

從主播
到直播

水晶主播王宜安獨家分享直播祕訣

王宜安 著

目錄

CONTENTS

推薦序

RECOMMENDED

教直播，只能是王宜安！

倪炎元

這本書，早就該寫了，而且作者只能是王宜安！

直播現象在台灣已經燒了好幾年了，也養出不少知名度不低的網紅。他（她）們有的靠顏值，有的賣萌，有的只搞笑。無論販賣什麼，只要能召喚出一群忠誠的粉絲，就算是個事業了！只不過，在這些少數光鮮亮麗網紅的背後，卻有更多懷著夢想的年輕人黯然退場！原來，表面看來挺簡單的直播，其實一點也不簡單。如今，不論是否已邁入成群「微網紅」滿街跑的局面，如果還有人懷著要做直播的夢想，不如先看看王宜安這本書吧！

宜安是我的學生，她說以前上過我的政治學，這還真是古早的事了，看她現在亮麗的外型與敏捷的談吐，我怎可能憶起當年上課時，下面坐的小女生中有哪個是王宜安？如今

見她成為知名主播，又是直播達人，我還是有種莫名的成就感與虛榮感，雖然我清楚，我可能真沒教過她什麼！

這回能夠重結師生緣，是我邀她來院裡給學生上課。在此之前，我很早就注意到直播開始流行，也認為應該考慮納入傳院專業學科中，但跟所有傳播學院主事者的煩惱一樣，構想可以很完美，但到哪去找最適合的師資呢？是的，線上的直播網紅有一堆，找來演講個兩小時還可以，給他們兩學分要他們開講個十八週，就沒人敢接了，而唯一能扛下這個任務的，也只有號稱水晶姐姐的王宜安了！

我的理由很簡單，首先，王宜安早自直播元年就踏入這個領域，在許多人還搞不清楚直播是啥玩意的時候，她已經是這個領域的頂尖達人。其次，王宜安擁有十七年的採訪與主播經歷，什麼場面她沒見過？鏡頭前的她咬字清楚、思慮清晰、反應敏捷，再加上她亮麗的外型，能在競爭激烈的直播界站上首席位置，並不令人意外。再者，正由於她的閱歷豐富，什麼行業、什麼議題都能立即上線直播，使得她很快就擁有跨族群、跨世代、跨領域的粉絲群，這般專業的能力與閱歷，當然得要搶先聘她來教課。

不出意料，宜安的課相當受歡迎，許多外系的學生都搶著來加選她的課。而宜安也將壓箱底絕活全搬出來，她的每

一次現場直播紀錄都是一個精彩的故事，當然最重要的是她親身現場做示範，並鼓勵學生直接上台演練。在我們這些只會教理論的老師看來，宜安上課最令人欽羨的是選她課的學生很少缺課，也沒人睡覺或滑手機，因為她的課不僅生動也很實用。

教過一學期後，我立即向宜安建議，何不打鐵趁熱出一本談直播的專書？我提出的理由很簡單，直播現象已經流行了這麼多年，市面還找不到一本專業介紹與討論直播的書，這種書學者不會敢寫，那些只在乎粉絲數的直播主也不會寫，而宜安一路從電視主播到直播達人，經手的直播個案上百件以上，其中橫跨各個行業，什麼五花八門的議題她都經手過，如今更在大學開課，她不寫，能找誰寫呢？儘管今天紙本的書籍被認為有些過時，但對我這種老派的傳播人而言，出書就是對個人專業的無形加值，也就是確立自己在這個領域的話語權，最重要的是宜安擁有那麼多直播的經歷，又掌握那多直播的技巧與心法，不留下任何文字紀錄，是不是很可惜？

宜安確實接受了我的建議，但她實在太忙了，磨磨蹭蹭就這麼拖了一兩年，我只好藉著她來上課的時候，一再追問她的進度，擺明的端出老師架子向她施壓，因為我真的希望她能寫出來。如今她終於順利寫出來了，我也有幸成為她的

第一位讀者。我必須說，這是一本融合教科書、工具書、故事書與宜安個人自傳的著作，對傳播學界有意探索直播的研究者、有意加入直播產業的初學者，或是只想知道直播究竟是啥玩意的讀者，這本書都能滿足他們的需要。

我衷心的向讀者推薦王宜安這本新書，不僅是因為她曾是我的學生，而是因為這本書確實是截至目前唯一可以深入了解直播、直播產業、直播專業與直播技巧的入門書，姑且不論直播產業未來的前景會如何，王宜安已經用她自己親身走過的軌跡，為台灣傳播史中的直播篇章，留下了珍貴的紀錄。

RECOMMENDED

每個人都可以創造成名的十五分鐘

程世嘉

　　宜安的這本書，呈現了一位傳統媒體出身的記者及新聞主播，是如何透過親身沉浸在網紅及直播經濟當中，創造及深入解析各產業的新媒體直播案例，對於想要經營自媒體的各路網紅，是一本值得參考的教戰守則。這一本書也記錄了宜安完整參與新媒體不斷推陳出新的過程，以及她個人這十幾年來媒體生涯及個人生涯的心路歷程及轉折，全書讀來一片誠摯。

　　iKala 旗下的 KOL Radar（網紅雷達），如今已經是亞洲最大的網紅分析及媒合平台，提供完整的網紅數據分析及一條龍網紅行銷服務給品牌主和企業主，我們以 AI 技術為核心打造出的網紅行銷數據方法論，在本書當中頗有著墨，請各位讀者不吝參考。過去幾年一路走來，我們發現影音直播和網紅幾乎是密不可分的兩個概念，而直播經濟和工具至今

蓬勃發展、百花齊放，成為所有網紅經營自媒體的標準配備和形式。

直播之所以廣受歡迎，關鍵在於直播主與觀眾之間建立的真實性與互動性；沒有機會前製後製的節目形式，除了讓直播主和節目第一時間呈現在觀眾眼前、獲得當下的新鮮感之外，也創造出了觀眾直接和直播主互動的獨特場域，有別於以往單向接收即時資訊的形式。也因此，各式各樣的直播商機應運而生，從原本單純的直播娛樂到直播拍賣，現在已經是所有網民每天滑手機時，習以為常的互動、資訊接收、甚至是購物的方式。

「社群商務」（Social Commerce）便是其中一個隨著直播拍賣而興起的新興電商領域，iKala 透過旗下的 Shoplus 在東南亞耕耘多年，透過 AI 協助 Facebook 社群上的直播拍賣主更有效地進行直播拍賣、協助業績增長，如今已有超過 17 萬的社群商家使用。在 Covid-19 疫情之下，這股趨勢方興未艾，越來越多的社群賣家採用直播的形式對觀眾進行直接銷售，創造出嶄新的經濟活動。

我們發現，就連各大企業及連鎖品牌，也加入了這股網紅加直播的新興經濟，他們廣泛與網紅合作，聰明地使用社群商務工具，創造品牌曝光以及拓展新的產品銷售渠道。另

一方面，政治人物做為公眾人物，也逐漸被定義為廣義的網紅，同樣加入了網紅和直播經濟的行列。

　　在這個社群媒體的時代，每個人都具有一定的影響力，也同時都手握各式各樣的新媒體工具，可以創造自己成名的十五分鐘。有心經營自媒體的朋友們，我推薦宜安的這本書給各位，相信您可以從中得到屬於您自己的啟發。

RECOMMENDED

衝鋒陷陣，永遠的領頭羊

黃裕昇

　　很高興，我認識快十年的好朋友王宜安主播出書了。認識她的時候，她是一個電視台的主管、財經主播、節目主持人，如今她卻是新媒體直播網紅主持人，也在銘傳新媒體暨傳播管理系，教「直播與新媒體行銷」，一教教了四年。她曾打趣的跟我說，要去大學教課應該也是教新聞系，畢竟她在新聞台從小記者一路做到主管。想了解王宜安傳媒到新媒體的人生改變，真的建議看看這本書，看她自己的大改變！

　　最近她更開始做 Podcast，短短一個月時間，獲得近七萬粉絲好評，並準備與各新媒體的直播影音做結合。

　　出了這本書，是一個里程碑，這也是一個媒體教育上面，她應該要做的事情。她累積了十七年的電視台主管、主播記者的經驗，加上後來她跨界，先到公關（先勢）領域，

然後行銷，包括電商（iQueen），甚至於跟大陸的對接（淘寶）直播，我覺得她的經驗是非常豐富的。以她的實務經驗，而且是從基層幹起，所以我相信她的分享。這是一個非常值得推薦的入門書。

然後我們來談一下作者的個人特質。她是一個使命必達、衝鋒陷陣的主管，且她應該算第一代接觸到電商領域的。包括大陸阿里巴巴的一直播平台，她利用她的電視台經驗，主持節目、主播與資深記者的 SNG 經驗，我們聚星文創公司，在 2016 年，在當時台灣直播還沒有太過受到矚目，業界及電商還未太重視的時候，我們找了她製作了一系列介紹了台灣觀光的直播節目，在阿里巴巴的平台上，兩個小時，有時候甚至會超過兩小時半的直播節目，都能順利完成，而且都是四五十萬人的大陸粉絲在線上收看。從傳統媒體運用方面到新媒體直播對她來說是如魚得水。

而我們在與大陸最大的電商平台淘寶合作，希望結合台灣在節目內容製作上的軟實力，以直接面對消費者的「PUGC」（專業使用者生產內容）行銷，在台灣找尋另一種經營模式的可能性。大陸網路直播平台崛起比台灣快很多，迅速改變消費者購物行為。對於與淘寶在「PUGC」上的合作，台灣影藝圈長期陷於低迷，節目製作費低，企業與藝人只能處在薄利與低酬的環境內打轉。這時大陸互聯網與

直播平台的崛起，反而給了我們新的刺激，希望以「電商泛娛樂」導入台灣目前混亂的直播市場和低迷的演藝圈。

網路導購與行銷在大陸已經很成熟，網路節目介紹 Nike 新款鞋，後台透過大數據，直接調出可用的消費群資料，再發訊息告知對方有新鞋可買，透過強大的支付系統，馬上可算錢結帳。或許台灣正在成長的直播電商平台和業主，可以藉由與淘寶直播等新媒體平台合作的經驗，操作行銷自家品牌和代銷其他商品，學如何把人流換金流、增加人均停留時間等新媒體行銷。

而我觀察，電商購物平台人流高，但觸及率、轉換率和停留時間都不高，所以阿里巴巴創辦人馬雲提出「電商泛娛樂」概念，希望透過提供娛樂項目，讓消費者在電商平台留久一點。「這真是一種強勢行銷，你連拒之於門外的機會都沒有」、「打破當前傳統、長期不變的經營型態」或許是未來台灣大型購物台，比方 MOMO 或是富邦，轉型電商直播的一條渠道之一。

而宜安，就是一個這麼認真努力走在前面的人，她的雷達，對於資訊的掌握分析以及市場所謂新零售變化，包括這些直播的電商泛娛樂，她都是領頭羊。另外我覺得她是個有趣的人、有趣的主播、有趣的網紅，她也是一個有趣的老

師，我常說，她有自己的平行小宇宙，跟別人電波不一樣的小劇場，以及是一個有無敵強大氣場的女主管！這些特質完全支持她現在在做的事。這次她能在百忙之中把這些寶貴經驗集結成書，這是一定要推薦的。另外這也是一本很好的工具書，裡面看得到新媒體這些年的變化軌跡及可當學校的教材，是難得的好書。最後提醒讀者。書裡面提到的很多都是創意，人人不同，自己一定要發現其中的巧妙，再結合你的個人特質，相信這本書一定可以對你有所啟發。祝每個人人生都是傳奇喔！

推薦序

在這時代，只要有才華，就會被看到

丁豪

聽著，這是我第一次寫序！我一年，大概看得到 Crystal 十次左右吧，我看著她從傳統媒體主播，到新媒體主播，之後就看不清了。每次看到她，她都在做新的嘗試；我看到都敬而遠之的題材、主題，她提了大劍就全力砍擊，就像遊戲裡接了任務的勇士一樣。

初識 Crystal，是在一個產品記者會。那時候朋友介紹，只道「水晶主播」，是在財經台專門講解水晶的主播嗎？所才叫做水晶主播。半年後才知道，「水晶主播」是 Crystal 加入直播，跨入直播經濟圈的江湖代號。沒想到現在的我，聽著 Crystal 的 Podcast，講著韓國的炸雞、啤酒文化，敲著鍵盤寫著序，心中不禁想：「Crystal 為什麼出現在每個地方啊！」每個禮拜更新的 Podcast，已經到了第四集，看著她的 Facebook，最近又在忙火鍋店的開幕；邊張羅美食新

聞，還要衝擊 Podcast 排行榜，我想接下來這本書出了，又會看到認真的 Crystal 衝擊書店排行榜了。人認真起來好可怕，Crystal 的時間，跟我的流速好像不一樣。大家都是時代的觀眾，也是當事人，時代的浪總是打在我臉上，但我看 Crystal，總覺得她是真正的衝浪手。

每個產品都是為了解決問題才出現的。繞了三十年，音頻內容再度光臨，但這次開的花，跟三十年前肯定不一樣。你可以不懂直播，但你可以播，這是一個人人有機會的大平台時代。看著 Crystal 衝進了韓國最大的美妝企業做直播，還和韓國國民偶像李敏鎬 VR 互動，全程都在平台直播，自己串起了整個時間軸，在台灣跟中國，都經營自己的直播。看著 Crystal 用自己的忍術，收服了一票鐵粉。

回頭一想，Crystal 不是才剛出院嗎？十月住院，我才剛留言完早日康復，不到六十天，她又辛勤的忙每天的採訪拍攝了。光看 Crystal 的動態，我都有點厭世了。她始終戰鬥力滿滿，事情俐落解決，還不斷地增加新的挑戰給自己，現在還要出書！

現在泛濫的速食文化，跟充斥著大量假新聞的今天，資訊可以不經過篩選直接的炸在你眼前的手機屏幕；就連館長中槍，除了抽菸外還開了直播，留下了那驚人的畫面！直播

帶出來很多新的模式：直播小農、直播賣水產、直播搞水族競標，甚至還有穿性感衣服，每天彈鋼琴，流量一樣突破天際！世代與世代的連結，往往就在這些新的平台上，你懂也好，不懂也罷，它就是真真切切的發生了，現在是一個銜接的世代。

四年前，從小記者一路經過資深記者、主管、財經節目主持人、製作人，到氣象主播到財經新聞主播，完整 17 年的傳統新聞人生涯；一個轉念直接跳海，海裡又是新世界。這本書就是 Crystal 的奇幻旅程，實際分享，不打高空煙火，不跟你說太多的道理，好像看著 GoPro 的回放。就像曾幾何時，NBA 都已經到 2K21 了，連接了兩個世代，我也身處其中。看著 Crystal，我彷彿看得到西亞里畢福，用力吼著 Just do it 的樣子。到了 2017 年，淘寶的全球狂歡節，憲哥旁邊竟然也能看到水晶的身影，在娛樂直播與電商帶貨，相比台灣比較慢成形的行動支付，Crystal 早早就搭在前幾輛車了。

這五年是 2000 年世代的成年禮，出生在網路世代，整個思維跟邏輯，都跟上個世代天翻地覆，是真正的數位第一代。新媒體的戰場，每天都在變，不上車就跟不上腳步。直播電商眼看將是最受注目的交易模式，也許很多人的終點都是發大財，但在新的機會時代，只要你有才華，就會被看到，一個不小心，出現井噴式增長，一覺醒來你就站在浪頭上。

跟著水晶主播的人生行車紀錄器，上下車都是學問。多試試其他機會，也許會有更棒的體驗！

RECOMMENDED

裸奔少年與宜安姐的相遇

林柏昇

　　寫這個序的時候，我剛結束我的直播節目「木曜四超玩」回到家。我在大學時期、CIRCUS時期就認識宜安姐了，她在當時是跑教育線的記者，那時她的長官要求必須找出裸奔少年林柏昇，就是我本人！雖是遠在花蓮，但第一個找我電訪，到面訪CIRCUS整個團體，就是這個聽說在教育線常跑獨家的宜安姐了！真的到現在都不知道她怎麼當時有我的手機號碼，還接受了幾次她的獨家專訪！

　　當時每次採訪，她都要到我們這幾個臭男生的宿舍做訪問。CIRCUS每次的新影片出來，我們的短影音都是給宜安姐，當時LEO廖人帥擔任我們這個團體有點公關長的角色，我們那時還覺得廖人帥是不是跟宜安姐在談戀愛！（哈哈）但當然沒有⋯⋯後來宜安姐有一次做了我們影片的新聞頭條，也是她帶著我們幾個大學生，生平第一次受邀上新聞台

直播訪問了快二十分鐘（當時層層關卡，沒進過電視台的我們在高腳椅上，穿著短褲冷死了）。

所以我跟宜安姐認識大約有快二十年的時間吧，後來出道，宜安姐也當了主管。

直到有一次她被叫去上我主持的綜藝節目，我們才再度相認，當然是要整她一下！我沒故意按照 rundown 走，臨時換了本來不是她上場的人選，那天穿著美美的她，被我叫去颱風中記者大風吹連線，但她依舊在節目中，颱風天裡，表現出當一個記者做 stand 的技巧和能力。

這次她找我寫序，我其實很驚訝，但她說其實你們當年的團體 CIRCUS 根本就是現代 YouTuber 及新媒體的第一代始祖，只是活錯年代！當年沒有 FB、YouTube、IG，不然你們根本就是最早自拍自導自演的 KOL！的確，當年的我們拍了影片，沒有平台上傳到 YouTube，而是只能上傳無名小站、即時通，因為想把作品宣傳出去，我們還用 MSN 推播。當時一個 MSN 只能加 250 個好友，我同時就開了 12 個 MSN 的帳號在經營，推播我們的影片！我傳給朋友，他們再用 MSN 再轉傳給他們的朋友。所以當時 CIRCUS 會竄紅，我們也是很努力很用心在那個沒有 YT、FB 的年代努力經營！也謝謝宜安姐的幫忙，每次有影片，她都會做新聞幫

忙宣傳。

最近一次跟宜安姐的合作，是我剛開火鍋店的時候。當時她來幫我在新聞台的新媒體以及她個人 FB 做直播宣傳，後來看到宜安姐離開新聞台後經營直播和 Podcast 都做的跟她在新聞台一樣很衝！我跟她說：「姐，妳一直是永遠都充滿活力的媒體人，『打不死的蟑螂』！」她很疑惑這個形容詞，但悠悠地說：「嗯，也有別人這樣說過我。」

對我來說，認識幾乎二十年了，她是第一個把我們帶進電視台接受訪問的，讓我們覺得還是有良知的記者和媒體。這部份宜安姐沒變過，唯一變的就是她越來越年輕漂亮！（美麗如昔哈哈哈）我覺得所有記者媒體人都可以開始嘗試去做新媒體，無論做直播還是做 Podcast 都是在做自己想做的事、想說的事！加上宜安姐的口條跟聲音是和傳統媒體所學，現在的她，我認為有著十七年的傳統媒體經驗加上新媒體資歷，她的能力都能游刃有餘！

至於也在新媒體和傳統電視媒體的我，認為新媒體、直播是可以做自己！我主持的電視節目「綜藝玩很大」，讓我得了兩次的金鐘獎主持人，我靠傳統綜藝節目紅，不會忘本！不會放棄！因為做玩很大的節目，我知道傳媒還是有優勢的，菜市場的阿公阿嬤、小朋友都認識我，就是當明星的

感覺，傳統媒體還是有一定的影響力的！我是靠電視傳媒讓觀眾認識我，KID 林柏昇，得到金鐘獎更是我人生中最重要的一個里程碑。但必須說，電視還是有很多框架，走到新媒體和直播的時代，一隻手機，一個 GoPro 就能自製很多有創意的內容！現代手機也幾乎都有 4K 的能力，人人都可以做自媒體或做自己的 KOL。

我開始做直播，接觸新媒體有六年的時間了，除了 ETTODAY RUN 新聞、木曜四超玩等直播節目，我覺得我在經營六年的直播中，讓大家也慢慢對我的印象改觀！以往在電視上可能大家都覺得，林柏昇的形象是玩好兇、好猛、很 Over 的藝人，但直播真的滿適合我，藉由直播讓大家看到不同的我，除了節目上玩遊戲的瘋狂熱血，其實也有感性和細膩的樣子，也很樂於和大家分享我熱愛的生活方式。

現在的我經營網媒，目前 IG 有 140 幾萬粉絲，FB 有 160 幾萬粉絲，另外自己也經營了一個 YouTube 頻道叫「野人七號部落」，有四十幾萬人訂閱，在 12 月 6 號，我的頻道「野人七號部落」成為 YouTube 在 2020 年竄起的第三名，我們很開心！我運用新媒體直播，除了我過去讓人覺得瘋狂、大膽、勇敢的形象，增加了更多正面的觀感！我或許比較粗曠，但在沒有 rundown 制式化下的直播中，把我直率、真實的那一面呈現出來！我想就是能真實的「做自己」吧！

新媒體直播是未來的趨勢，可以創意無限大，沒有框架！我想宜安姐從十七年的傳統媒體人到新媒體人，現在在直播和 Podcast 也都有好的成績！我想她應該會一直像「背後靈」存在我們各種媒體的身邊！

　　祝宜安姐新書大賣，永遠保持做自己的心！妳是沒設限並「想做自己」的人，也很有能力經營自己，我相信無論在傳統媒體到新媒體都可以做到妳想要的完美。而我自己也在未來埋下種子，愛好自由及創新的我，未來也會繼續同步經營自己想做的新媒體的世界，開拓與世界連結的機會！

PREFACE

人生不要怕改變！

　　從一個傳統媒體養成 17 年的記者、主管、財經主播、電視節目主持人，在 2016 年，我因特殊的原因，踏進了新媒體直播圈，這一年，我精實的在邊學習，也邊玩出各產業的新媒體直播！

　　這本書不是在教直播人、網紅如何賺錢，而是我從傳統媒體主播轉換到新媒體直播主播後的各個直播例子，讓想進入直播產業的你們，知道各種各式直播的類型，並如何與粉絲互動。最重要的是你決定要做了，就要勇敢有勇氣，不要怕粉絲不喜歡你！除了書中有教直播的技巧外，「人生不要怕改變」也是這本書對我的重大意義，也許會給你不同的啟發。

　　在台灣的網民超過 1860 萬，在這個「人人都能成名十五分鐘」的世界裡，總會有穿梭在社群平台間的素人，說出的言詞能改變你的想法。

如果你想當網紅，得有想法、夠自我、夠開放、夠有接受新事物挑戰和學習的能力，當然我想說的是，最重要是要「夠用功」！

直播為什麼會紅？有這三個簡單的因素：

(1) 陪伴。

(2) 分享。

(3) 讓粉絲學到東西。

PART 1

従新聞主播到直播主播

2016 年是直播元年，我剛好搭上了這班直播列車

　　直播的教學書籍，很多網紅、YouTuber 都寫過了，但這本書，我要來分享我自己個人的直播經驗。可能很多人覺得我不是百萬網紅，但我的直播經驗從內地到國外，從台灣美妝到網路直播節目製作再到政府、企業及大學專教直播的老師。或許我可以給想接觸新媒體傳播直播的你或妳，一些不同的想法。首先，在四年前，我是個紮紮實實的新聞人，在新聞台從小記者、資深記者、生活中心主管、財經中心主管、財經節目主持人、製作人，氣象主播到財經新聞主播，我通通做過。17 年的傳統新聞人生涯，你可以想像我的新聞魂

有多麼強大吧！

　　但我開始接觸直播和新媒體卻是「無心插柳柳成蔭」。我從沒有想過離開新聞台，雖然那個工作早上開始播，一天十四小時都在工作，假日你還要來主持錄影財經節目，十分忙碌。

　　一切的改變發生在四年前，也就是 2016 年，大陸的直

播元年，父親肝癌復發，改變了我，也改變了我現在的人生。父親肝癌轉移到膽管癌，剛去美國公費留考三個月的大妹也趕回，我向新聞台請了一個月的假，從北到南找醫師，最後從台大轉到北醫，北醫的副院長邱仲峯，也就是現任的台北醫學院附設醫院院長，跟我說，最快可能只剩三個月！這時，我毅然決然選擇了離職，但因為在原職我待了將近十六年，主管也說先留職停薪，但我沒有答應！我做了這個重大的選擇，我離開了傳統新聞台工作崗位。也因為有了這個決定，開始了我進入直播世界的奇妙人生。

在一邊照顧父親的同時，在離職前我在新聞台有製作主持一個財經節目叫「台灣產業趨勢報告」，其中的一集，我製作了網路科技平台的崛起。緣份很特別，我看到了一間公

司在做網路直播，我沒有請記者打電話約訪。我自己約訪，想了解這間公司的直播在做什麼。那間公司叫 iKala 愛卡拉，那時叫 LIVE HOUSE IN。iKala 愛卡拉公司沒有再做直播後，則是轉型做 KOL 媒介社群。2020 年，愛卡拉公司宣布完成 1700 萬美金 B 輪投資，除了與 Google 合作雲端系統，也做數據分析、KOL 媒合以及與 Google 合作 MCN（Multi-Channel Network）。

MCN 是一種多頻道網路的產品形態，將 PGC（專業生產內容）內容聯合起來，在資本的有力支持下，保障內容的持續輸出，從而最終實現商業的穩定變現。MCN 在中國大陸內地相當盛行，我這邊簡單介紹下 MCN 的幾種業務分類：

1. 以短影片及衍生廣告為主的 MCN。
2. 直播變現為主的 MCN。
3. 短影片和直播業務並重的綜合型 MCN。
4. 以電商業務變現為主的電商 MCN。

而從業態來看，MCN 主要有七種模式：內容生產業態和運營業態兩種模式最為基礎。其他五大業態為變現外延，組合式謀求差異化發展，分別是營銷業態、電商業態、經紀業態、社群／知識付費業態、IP 授權／版權業態。其中，以營銷業態和電商業態的變現效率最高，也最受品牌和平台青睞，我們選取兩種業態進行分析。

　　首先是營銷業態，當時，2016 年，記者訪完專題，他們的公關突然有一天問我，能不能幫忙來主持他們和 Google 的論壇，我跟主管報備過，也就去了。主持對我來說是小事，但那天卻讓我感受到世界在改變了，媒體環境在改變了！後來與兩位共同創辦人，程世嘉及鄭鎧尹認識了，剛開始的他們要做直播，需要一位科技主播，於是我在離開新聞台後，第一次接觸到了三機直播棚直播，就是當時的 LIVE HOUSE IN。

　　在這裡，我們做了六到八場的直播科技節目，有介紹新手機、新科技，還有資策會的四場直播。很困難，雲端科技一集，公有雲、私有雲、機器人一集，介紹這些玩意，對財經節目主持人出身的我，還可以勝任！但你要「隨時看平板

或手機」，一邊跟網友互動，如果網友問你的問題超難，回答不出來怎麼辦？這時候，面對這種第一次接觸三機直播棚的直播，我做了一個總結：它就是一個 LIVE 節目，雖不是在電視播出，網路是平台，但網友的問題和主持人的回答，就像以前的 Call in 節目「來自台南的謝先生請說」。只是它用「留言」的方式問你！而主持人或專家要在網路上透過鏡頭，回答「來自南投的謝小民」。這類型科技直播很深很難，但我每次都有固定兩三千人在上面看，當然可以吸引許多知識型、對科技有興趣的男性。在直播的過程中，有一集介紹手機功能，可以直接讓網友參與互動，比方兩張圖片景深出來，哪支是蘋果，哪支是三星？網友選A或B的過程中，大約三分鐘，統計會直接在直播節目中秀出來！

做完這不太軟性的科技「硬」直播後，我的感想是：

1. 網友一留言，請速回答，或叫他名字，讓他在線上有參與感。
2. 有了現場的直播統計表出現，網友有參與感，自然而然會把直播看下去。
3. 再難再硬的直播都有人看（只要行銷點子好，再特別的直播還是有人看的）。

就是這樣，在第一次親密接觸過直播後，這個時候，大

約是我離開新聞台約兩個月後的事。因為只有花一點時間，其他時間還是三姐妹在照顧在醫院的父親。而第一次感受到內地直播的影響力以及「嘿！記者會！新聞台、電視台你不再是老大了」則是在一場以手機直播為主的記者會。我，一個傳統新聞人，會認為電視台或傳統平面媒體影響力最大嗎？No！No！No！傳統媒體不再是老大了！

第二，關於電商業態的例子，時間是在我離開新聞台後的第一個月，有一個新聞主播朋友問我，有一個 Case 她臨時有事，能不能幫忙救火代班？我問什麼 Case，她說直播一

場美妝產品上市的記者會，只有三小時。我想因為之前有了直播的經驗了，就去玩玩吧！嗯，這場記者會直播對 SNG 可以一直連線的我，相當簡單。這場記者會是目前的上櫃公司（6703），軒郁國際，他們找 Selina 和賈靜雯雙代言的直播記者會，令我感到震驚的是，以往新聞媒體記者不是應該都坐在第一排的嗎？我被安排在第一排！並非我是媒體人，而是因為我是要做唯一一場內地直播記者會的主持人！

其他的第一排貴賓是誰？不是記者也不是來參與的其他貴賓，除了老闆和老闆娘，Sorry！第一排全是架好手機直播的大陸美妝大 V、美妝影音部落客，你有想過為什麼嗎？而只有四組人可以在最後的 VIP 室，直播專訪 Selina 和賈靜雯，我記得應該有 Vogue 雜誌、ELLE 雜誌、東森新媒體以及我本人，前三個的目標直播群眾是台灣，而配著一台手機加攝影大哥的我，平台是大陸花椒的直播 APP，在訪問到她們兩位時，內地人數，衝到了十來萬！全程記者會，內地的粉絲全部看完後，產品當然也看完置入在腦海！內地的大 V、美妝達人都來了，這行銷市場有多大，而且還是全程播出！而平面美妝雜誌也了解了影音直播的加乘效果！直播專訪，他們當然要爭取到！當然從記者會的四五萬人收看到我一對一的幫內地粉絲問問題問 Selina 和賈靜雯，一台小小的手機直播，衝到十五萬人線上收看！而我，這個傳統新聞人，第一次感受到了網路直播的影響力！做完這場直播記者會，我改變了我「傳統媒體」高高在上的思維：

(1) 傳統媒體不再是唯一了！一場記者會就算總統就職典禮可能也不會全程 SNG 播出，更何況，商品跟產品的播出，一則一分半的新聞，頂多 40 秒或變成藝人新聞點出發的影劇新聞，產品露出不是要馬賽克，就是要併別家！不然 NCC 罰單也吃定了！

(2) 請來內地或台灣的美妝網紅和美妝達人在第一排直播，聚焦清楚，就是直播美妝品本身，全程介紹；兩位藝人在內地也有知名度，愛美的問保養彩妝問題，達人直播線上回，喜歡 Selina 和賈靜雯的就靠我幫他們問他們想問藝人的問題。

(3) 這是我第一次看到，傳統媒體記者不再是尊貴的坐第一排的景象！有的還陪新聞台攝影記者，站在後面，甚至並沒有發太多電子媒體！因為對業者來說，發電視媒體還不如美妝大 V 全程直播，內地台灣全程都看得到。

在此同時，我的老東家中天新聞的新媒體單位，看到我有做直播的經驗後，新聞性全程的直播遊行，我也去接了！那是場觀光業者抗議遊行的直播，當時下著大雨，我還是必須要跟著抗議群走。網友看到我淋雨，一直要我小心，我對於網友的關心，都一定會回，比方：「小真，謝謝你，主播很 OK。」當然還有來罵政治人物的，這時回答要採取冷靜中立的立場。我會說：「小紅，你的心聲我們有聽到了。」

| 翻攝快點 TV

千萬別有政治立場，因為你可能會因為一場直播被貼上標籤！

我在 2016 年八月底離職，後來陸續直播了三星手機、

SONY 手機以及美圖手機的直播。美圖手機的直播比較特別，在當時是美圖請來安心亞做貴賓，除了美圖手機的平面直播外，也同時與電視台的新媒體一起雙直播！當時，台灣做直播的人不多，所以在短短四個月內，我知道了「直播」是什麼！最重要的就是：

(1) 透過不同的直播平台以及自己的平台，快速地讓網友認識我。

(2) 線上黏著度要高！要讓這些網友有「參與感」，感覺自己「跟主播是朋友」。

(3) 直播時，不管好的還是壞的留言，都要叫他們網友的名字，一個個打招呼，隨時回覆網友留言！

前進韓國最大美妝企業直播

　　離職後的四個月，在病床上的父親說：「你怎麼有點忙？」我說我接觸了直播的領域，覺得新鮮，也算打工吧，就開始了直播。在 2016 年底，也去了趟韓國，這次算是直播的大突破，因為是進韓國第一名的化妝品集團企業總部去直播！我自己是韓國流行文化的愛好者，所以在過去還在新聞台時，我是第一個進韓國最大搜尋引擎 Naver（line）總部以及韓國最大的化妝品集團愛茉莉太平洋（Amore Pacific）的企業總部，獨家採訪的新聞台媒體。另外 LG 生活健康、LG 化學、SK 海力士內部，也是在我在當新聞部主管期間，每年給自己規劃一個韓國十天到十二天那種操死人但成就感高的韓國企業訪問行程！包括經濟部長，韓國首爾市政府首長到他們各道的道長，（忠清北道），還有韓國人自己使用最多的 KAKAO TALK 通訊軟體專訪，流行的 STARTUP（新創公司）也都自己在新聞台一個個約訪過！

　　因為常去韓國，很多企業公關或是新創公司都成了我的好朋友，於是再去韓國時，雖不是新聞台的身份，我跟曾訪問過的韓國最大化妝品集團，愛茉莉太平洋集團的企業公關，提起能否再去參訪？在韓國直播是有，但都是屬於服裝、美妝直播或是吃播比較多，所以我溝通了快半年才能採訪。這是因為：第一，是要進總部直播；第二，韓國人做事比較謹慎；第三，在當時，韓國傳統的媒體跟新媒體中，傳

統媒體還是比較受到重視。對於要直播這件事，我是到了現場，跟總部協調再協調，溝通再溝通後最後才成功。

雪花秀旗艦店

一場是在江南「狎鷗亭站」頂級代表美妝品牌「雪花秀」韓國最大規模旗艦店，位於首爾島山大道上。全店建材以黃銅為主，靈感來自燈籠，象徵引領韓國女性美容之道，地上五層、地下一層的獨棟式建築，除了有全系列商品、限定商品販售，同時也附設 SPA、商品包裝處、咖啡廳、VIP 室、以及展演廳！是個非常漂亮的藝術品旗艦店。

第一次直播完，他們的韓國主管和公關覺得非常有趣，在直播的同時還一直上去留言，雖然只會「你好」這種簡單

的中文。再後續就去了明洞的 innisfree 旗艦店、蘭芝的旗艦店，以及最後的集團企業總部做直播。

愛茉莉太平洋集團（韓語：아모레퍼시픽，英語：Amore Pacific），是一家生產化妝品和保健品的跨國公司，總部設於韓國首爾龍山區。該公司的化妝品單位統稱為愛茉莉太平洋，旗下擁有十六個女性美容品牌，八個男士美容品牌，六個生活用品及五個保健品牌。

愛茉莉太平洋成立於 1940 年，以「亞洲美麗創造者」（Asian Beauty Creator）為使命，是韓國最大的化妝品生產商。拍照完之後，再進行直播。不過總部畢竟機密比較多，能直播的地方以體驗式美妝科技以及職場上班環境居多。

雪花秀首爾旗艦店有其他地方沒有的包裝服務，最受歡

| 愛茉莉太平洋集團總部

| 位於江南「狎鷗亭站」，美妝品牌頂級代表「雪花秀」韓國最大規模旗艦店

迎的就是需要付費的「智函裸」，蘊含著智慧與祝福之意，是韓國傳統送禮的真摯心意。精緻韓布加上細緻結法的包裝，拿在手上十分有品味。

VR 直播，客製化口紅網友幫你線上選色

除了雪花秀，我也去了 innisfree 直播。innisfree 在明洞的旗艦店總共有四層樓，四樓還可以寄放行李。第一層是美妝區，第二層是 Green café，第三層還是 Green café，第四層是行李寄存！如果你本身是拖了一大個行李箱來，或者是手上大包小包的話，可以來四樓寄存行李。店面的空間規劃做得很出色，以綠色生活為概念，從門口就顯示出設計師的用心。整棟裝潢貫徹了自然主義，很舒服。但一樓直播時，很多人在看化妝品區，直播訊號就沒有那麼好。

Cafe 占地兩層，空間很大，客人再多也有足夠的空間。Cafe 提供不少輕食，有沙拉、甜點等等，標榜採用濟州島純淨優質原材料來製作。由於明洞那時觀光客還非常多，旗艦店我是從一樓直播到四樓，最重要的就是，當時他們明洞的旗艦店推出可以跟 innisfree 代言人李敏鎬以 VR 科技約會談戀愛，來場浪漫的濟州島旅程！這個直播真是讓我印象深刻！（目前台北的點後來也有了），透過 VR，我在做直播時跟網友說李敏鎬現在邀我去濟州島約會，還跟說：「灑朗嘿呦」，我們一起開車，最後甜蜜牽手！如果後來有在台北

店玩過 VR 的應該覺得很 Sweet。出動代言人李敏鎬來招待
客人,算是粉絲福利大放送?整個體驗五分鐘,有中文、
英文、韓文三種語言可以選擇,要聽長腿 Oppa 的聲音,當
然選原音呀!影片主題是你和李敏鎬在濟州島的一場浪漫祕
遊,innisfree 這招真的很犯規!當時 VR 直播時,網友 High
翻天了!覺得主播實在太幸福了!

再來就是去同樣在明洞的蘭芝 LANEIGE 旗艦店，共四層樓，其中最特別的就是獨一無二的超放電絲絨雙色唇膏訂做服務。雙色口紅當時是他們的明星產品，這個客製服務位於三樓，一走進去就能看到「我的雙色唇膏」（My Two-Tone Bar）訂製櫃台。直播時，我先從第一層樓開始介紹，除了美妝科技的技術，最特別的就是客製化的雙色唇膏！前一場直播時，遇到下大雨，先補個氣墊粉餅，畢竟是美妝直播，還是要專業的先打理好自己，再來介紹美妝！

開始挑選時，會先使用蘭芝研發的 3D 動態美妝魔鏡 APP（Beauty Mirror），透過數位掃描功能分析膚色，並找出肌膚屬於哪一種冷暖色系，接著駐店美妝顧問會幫忙試色，慢慢找出最適合每個人的顏色組合。現場提供雙色唇膏的顏色中，I 開頭的色號代表內側顏色，有 14 色可選，而 O 代表外側顏色，有 13 種可選。因此客製化的雙色唇膏總共可配出多達 182 種的配色組合。顏色選擇好之後，還能在唇膏外殼上刻字，英文或韓文皆可，字數不限。好了之後，就會立刻送進一旁的小型實驗室製作，大約等個 15 分鐘左右就能拿到自己的唇膏。客製化口紅的同時，網友就邊看直播，邊幫我看適不適合我，這也是有趣的體驗！網友最後你一言我一語的留言，幫我選出了我的兩支客製化雙色口紅。刻在我口紅上的字，一支是「水晶（韓文）愛 Seoul」，另一支則是我的英文跟韓國名「水晶」！客製化口紅直播，網友也參與其中，等於我的口紅是直播時，網友幫我選出來的顏色。

當直播 Case 一直來，心裡曾經一度掙扎過

　　我不年輕，也算是新聞台的中高階主管，當我開始做直播時，我的朋友同事們很驚訝，說：「王宜安在做網紅乀！」我相信帶著看熱鬧的人不在少數，甚至自己的媽媽問我說你為什麼要叫「水晶主播」，很不專業吧，又不是小女生。附帶一提，水晶主播是網友叫的，我的英文名字是 Crystal（水

晶），這名字就這樣在直播圈發酵！2017 年，我一邊跟妹妹照顧父親，當時還不是 YouTuber 竄起的年代，一家老字號面膜業者，找了我去歐洲直播。地點包括比利時、德國、法國，平台他們選了一家電視台的新媒體，因為當時在這三個地方都有「面具嘉年華」大型遊行，他們設計了四款中國四大美人：楊貴妃，貂蟬，西施，王昭君四種面膜，請模特兒穿古裝參與遊行，而我是直播的主播。我想，哇！業者大手筆到歐洲去直播，我也就接下這場直播。

　　我也順便做了觀光直播，在比利時，我們去做了尿尿小童的直播，溫度只有零下 10 ～ 15 度的氣溫，當時時間大約是台灣時間的凌晨一點，可能在當時，水晶主播在平台已經有了一些粉絲，網友竟然陪著我到台灣時間一點半，走到尿尿小童的景點進行直播。

　　在直播時，也會遇到些小差錯。在比利時直播時，除了

| 比利時

去歐盟總部直播，我到了當年拿破崙戰役敗北的「滑鐵盧」。都到了這個景點了，趕緊上網做了下功課，Call回台北說，來到知名景點滑鐵盧。我記得當時風大又冷，在介紹的過程中，我口誤把英國聯軍對法國說反了。我在講出的當下就知道我講錯了，但來不及了！就跟新聞 SNG 連線一樣，講錯觀眾會上網罵你，直播是直接留言說：「主播歷史有點不好。」這時候要跟大家說下直播說錯時的小技巧，請記得不用跟這位網友計較，還要說：「XXX，我聽到了，謝謝你！」很多時候，我都是用這個方法讓留住網友，甚至最後變成你的超級鐵粉！

我這次直播也帶著攝影記者同步拍攝，等於是在網路做新聞也同步做直播，這場本土面膜業者置入新媒體直播的案例效益我認為有：

- 台灣本土面膜業者受益。
- 直播：「伊莉特」品牌從頭到尾置入。
- FB 宣傳：面向年輕族群，也省電視下廣告成本。
- 置入冠名韓劇。
- 帶新媒體前往法國、比利時、德國直播採訪：
  - 直播，類似過往 SNG 連線，直播與網友互動。
  - 網路新聞操作。
  - 影片和短影音。

當時，我做直播大約半年以上了。在這半年中，我去了韓國和歐洲直播，後來陸續去了菲律賓、丹麥做觀光直播。做半年直播，還能做到國外去，我也覺得很神奇！其實當初，我沒有別的想法，就是先照顧爸爸，等爸爸病況穩定後，再回新聞台上班。但接下來，除了台灣產品記者會的直

| （翻攝自快點 TV）

播、飯店的直播，因緣巧合，在大陸的直播平台還沒有下禁令時，我開始接觸了阿里巴巴內地的直播「一直播」平台將近一年，也實際去了杭州阿里巴巴，了解內地的直播生態。

．
．
．

PART 2

接觸內地阿里巴巴的直播產業

接觸阿里巴巴—直播的新鮮感

　　因緣巧合的關係，我的好朋友出來創業，他們剛好與阿里巴巴有在合作電商直播，而內地的觀眾對於台灣，有很多的新鮮感和好奇，他們除了要做大型的直播外，也需要台灣的一些明星、藝人、新聞人做直播，而剛好當時橫屏的攝影機直播棚直播和直屏的手機直播，我已經做了一輪！我們開始合作介紹在阿里巴巴的直播平台，開了我的「水晶主播愛RUN玩」頻道，介紹台灣最高檔的五星級飯店、景點、觀光。因為在新聞台擔任過主管，各大飯店我都熟，而對於在台灣把自家的特色介紹到大陸去，一開直播可能就有四十萬人在

　　線上收看，對於台灣的飯店來說，觀光宣傳到內地是一件新鮮事！

　　跟大家分析一下內地與台灣直播的不同。在一直播中，直播主到飯店跟業者進行了一場有室內咖啡、戶外美食，在現場玩各種遊樂設施的一場直播秀，甚至直播節目的製作人也跟著下去挑戰射箭攀岩。無論是直播主持人和業者在一邊介紹一邊玩樂的同時，一邊和看直播的觀眾進行即時溝通和互動，無場所限制的即時直播，也將是未來人們的需求和趨勢。從這個時候，我認為，雖然當時台灣對於直播還很陌生，但未來會有越多的企業主和平台瞄準行動端直播！

　　「水晶主播愛 RUN 玩」是一個由我主持的直播節目，介紹了北投的麗禧酒店、大直的萬豪酒店、南投的雲品酒

店、台北的君品酒店還有其他的台灣高價餐廳，許多美味的星級料理。直播節目時間都是超過兩小時到兩小時半，不間斷，所以在阿里巴巴一直播頻道的都是大 V 或是知名藝人，像台灣就有張庭同時在裡面。很幸運，剛好阿里巴巴當時想做台灣自助觀光客這個主題，朋友的公司，聚星文創拿到第一個台灣唯一授權，朋友看到我做了一年的直播加上我有台灣新聞主持、主播的身份與經驗，就讓我接下阿里巴巴一直播的直播節目。

內地直播 VS. 台灣直播，比較差異性

做過內地跟台灣的直播後，我比較了兩者的差異性：

(1) 台灣的直播平均直播三十分鐘後人才會開始多，直播節目時間大約在一小時；內地一直播介紹觀光的直播節目，我在介紹南投的雲品酒店，直播節目時間至少兩小時，平均一小時以上人數才會衝上來。

(2) 內地直播限制較嚴格，如果你穿的太性感一些，或是講到政治話題，Sorry！警告黑屏幕先警告直播主，你不聽就直接 Bye！直接切掉，不能直播下去。有一次連假，我答應內地網友十點半上來說中國歷史。因為時間有些晚了，我穿著很普通寬鬆的 T 恤，準備開始「講古」，就在往前按手機開始直播的時候後，屏幕突然出現警告我「直播主服裝不能太裸

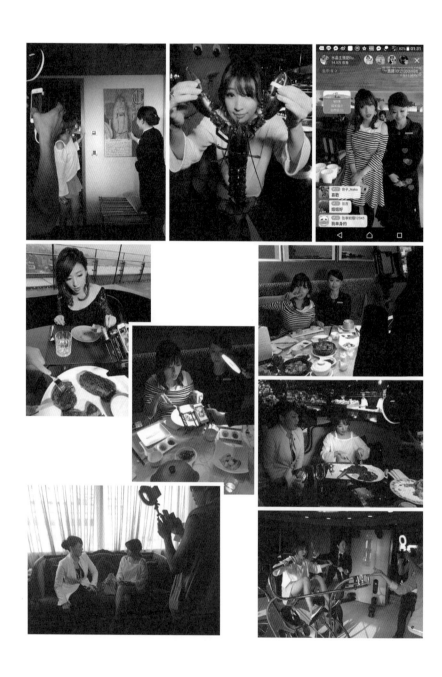

露」。我心想沒有露胸，更沒有穿細肩帶啊，根本是件睡衣。結果後來我想了下，應該是在按手機時人往下，直播系統偵側到可能會不小心露胸，所以會先提醒你！

(3) 內地網友的黏著度遠比台灣高。如果你說好十點半要上來講清朝歷史，十點四十五分才上來，網友粉絲會說：「主播你太晚來了！我們等了好一陣子了呢！」但在台灣不一樣，直播主和粉絲雙方都比較隨性些。答應要上來看的，不一定會上來看，直播主晚開，粉絲也覺得還可以接受。

(4) 台灣的第三方支付系統，對於賣貨較不方便。台灣並沒有辦法在手機直播時按一按直播主身上用的化妝水、口紅、衣服，就可以直接購買商品。但內地我在看直播的同時，直播主介紹到我用的化妝水，點一下，跳出來，按下去打錢，就直接買了！台灣目前直播可能需要再到下方連結處購買，這是電商金流須克服的問題。

阿里巴巴的「泛娛樂直播」

| 網路＋娛樂＋直播成電商平台的新潮流，阿里巴巴淘寶在「PUGC」上的
兩檔節目（照片提供：聚星文創）

| （照片提供：聚星文創）

吳宗憲、黃子佼在淘寶「PUGC」上的兩檔節目

　　另一種大型直播，阿里巴巴稱之為「泛娛樂直播」，例如吳宗憲、黃子佼在淘寶「PUGC」上的兩檔節目，在現場看過好幾場的我，簡而言之的介紹一下，就是大型的網路綜

| （資料及畫面提供：聚星文創）

Who	Where	How	What	When
主持：黃子佼	落地平台：	2小时综艺	节目内容：	2017/11
‧3－4位专业评委：	淘宝直播	直播录制	每集将具备创新创意的	
各领域专家			各类众筹商品，在节目	
（电商、投资、3C等）			中向大众展示，通过现	
‧创办人或开发者：			场专家评委的点评争取	
暂定每集6位			曝光、众筹支持及名人	
			站台的机会	

| （照片提供：聚星文創）

藝節目＋網路電視購物的概念！與大陸最大的電商平台淘寶
合作，大陸希望結合台灣在節目內容製作上的軟實力，以直
接面對消費者的「PUGC」（專業使用者生產內容）行銷，
在台灣找尋另一種經營模式的可能性。因應近年大陸網路直
播平台崛起，迅速改變消費者購物行為，雙方以「PUGC」
方式合作，在台灣負責節目「內容＋製作」、招攬廠商及演
員、工作人員，在節目中以遊戲、表演方式介紹淘寶指定產
品。節目後製完成後讓淘寶上架到平台播放，達成網購行銷
目的。

他們的來賓有了解產品特性的達人代表，比方說賣 3C
科技，就會找台灣的 3C 達人 Tim 哥；綜藝咖像是韋汝，小
Call。有一場比較特別的，是他們跟著時事找來當時熱播劇
「延禧攻略」中唯一的台灣藝人程茉，台灣很多觀眾聽本名
可能不曉得，但聽到戲裡台詞：「娘娘我是一片冰心在玉壺
啊！」大家就知道是裡面的「玉壺」啊！她先來段古代戲裡
的台詞，而在現代，她是個超會跳熱舞的女演員，現場表演
一段熱舞，馬上衝高了內地的直播收看數。

　　與淘寶的合作，讓我在現場棚內大開眼界。網路導購與
行銷在大陸已經很成熟，網路節目介紹 Nike 新款鞋，後台
透過大數據，直接調出可用的消費群資料，再發訊息告知對

| （照片提供：聚星文創）

方有新鞋可買，透過強大的支付系統，馬上可算錢結帳。在台灣租下電視台空棚，主持人請來在內地大家都熟知的吳宗憲、黃子佼當這場直播節目的主持人，來賓還有台灣藝人，如果是賣科技手機，就有 3C 達人！

如果賣美妝，就請知名的彩妝達人，當然也有業者代表。直播節目一開始由憲哥或佼哥開場，藝人會玩遊戲，也會跟主持人互動要介紹的產品，一邊看綜藝節目嘻嘻哈哈，賣的貨也一邊在憲哥、佼哥和達人們輪番上場中，線上直播賣出產品。而這些台灣的藝人、達人更是透過「泛娛樂直播」賺到內地上億人收看者的名氣。因為對象是大陸收看者，內地的朋友看到這些台灣藝人，也透過直播節目認識了他們。這是比拿通告費之外，更大的「知名度效益」。

平台在淘寶平台，台灣租棚，省下主持人飛過去的高額費用，買的人是大陸內地消費者，一場直播像在綜藝節目。

| （照片提供：聚星文創）

（照片提供：聚星文創）

不誇張！一台掃地機器人就這樣兩小時賣了一兩億人民幣。當然事前的準備，就是阿里巴巴淘寶的大數據，誰想買鞋，誰在看電器，精準的找到 TA（Target Audience，目標受眾）。節目開始前，就開始對這些本來就要買電器的族群，群發訊息說，當天節目有折扣，消費者哪個不心動？

現場真的是賣到沒有貨，線上直播看節目直接下單，因為直接打錢，後台的錢，業者還已直接收到！由於在節目內

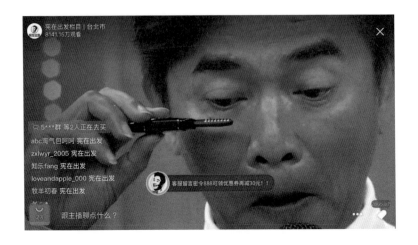

容設計與製作上，台灣多年累積的軟實力具有競爭力，且因為文化與環境的關係，台灣的創作人比較細膩，重視細節，想像與創意也更為天馬行空，讓客製內容舒服的與電子商務綑綁，直播內容產業以及商業模式結合成了新興商業產業鏈。這可以說是，「E-commerce ＋媒體＋泛娛樂直播」的先行開拓者。

「泛娛樂電商」這個在內地發展出的新名詞，不能不缺台灣文化創意產業及製造內容的這一塊，台灣過去累積的綜藝節目製作經驗就像是源源不絕的內容產生器——台灣製造！包括主持人吳宗憲和黃子佼也是對內地來說很有「戲」跟「梗」的主持人，也讓大陸阿里巴巴直播大平台這塊市場一直不能忽視台灣，就是因為看到大陸內地直播市場再進化版。搶進灘頭堡與阿里巴巴合作，做內容仍是王道，也許台灣的影視製作產業，在泛娛樂直播中，還看得到活水。

明星買手　　　　知名藝人　　　　流量型網紅

内容電商　　買手電商　　紅人電商

最專業的内容電商公司

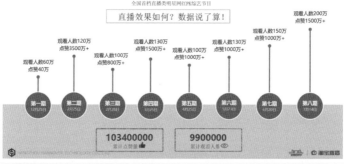

《憲在出發》系列節目
全國首檔直播類明星網紅PK綜藝節目

直播效果如何？數據說了算！

（資料及照片提供：聚星文創）

打著限時搶購助攻

大型規模的「泛娛樂直播」就像進棚看一場像綜藝節目的網路電視購物，在直播中，主持人想要讓線上的消費者，抓住限時搶購的機會，讓消費者在看直播時「衝動下手，下好離手」，這就考驗主持人的功力了！比方說主持人在直播時用犀利的話語引導限時搶購，讓消費者覺得不能錯過這一檔，比方說「這款產品只限這場直播的消費者搶購，直播完你也只能用原價買了」，讓消費者覺得「超值，這檔買三送一」，或是後台顯示產品只剩 XX 件，主持人也會適時的說：「沒多少量啦，我們直播再五分鐘就結束了！」然後，你就會看到直播數字迅速上升，然後下單的人倍數再增加。這些話語會影響到消費者心理，主持人適時語言助陣，就能快速的拿到更多訂單！

....

PART 3

電視新聞人竟去銘傳大學教「直播」

直播成顯學，進新媒體系所教直播

很快的，直播在 2016 年、2017 年開始被廣泛運用，這時出現了我另一個命運的交叉點。怎麼說呢？我從小就不喜歡當老師，但我卻開始了我在大學教「直播」、「新媒體行

銷」以及「網路節目製作」等課程！

　　緣份是我大學時教政治學的倪炎元老師，他是傳播學院院長，有一天我發現我們是 FB 好友，就跟老師打了招呼，說自己是他的學生！閒聊之餘，他發現我有十七年傳統新聞電視的資歷以及這兩年直播的經驗，找我來學校談，談了以後，辦了演講也辦了內地學生暑假的研討會。因為銘傳傳播學院是全台灣第一所有新媒體系所的大學，院長聽完演講，希望我來銘傳新媒體系上課，教同學如何「直播」！

　　我還納悶的問了院長：「院長，我在新聞台待了十七年，有完整資歷耶！怎麼沒有叫我去教新聞系或廣電系？」他說因為「新媒體時代」來臨。他自己也是報業出身的總主筆，他順應潮流，把傳管所改成新媒體系。他說：「我現在就是需要你這樣有實戰經驗的，教直播的老師！」

這一教，就邁入第四年「水晶老師」大學教書的時間。院長說的沒有錯，個人運用手機，快速產製圖文、影音、直播等內容，雙向互動，互為依存的關係，是新媒體生存的必然條件！

過去十年，社群高度發展，內容已被使用者快速產製，免費資訊爆炸性的噴發，傳統媒體式微，被臉書和各式社群平台衝擊，無一倖免，也就是為什麼這幾年，新聞台有自己的新媒體部門，報章雜誌也做新媒體影音，直播節目。

　　當我開始在銘傳上新媒體直播的課後，每學期第一堂課我會問的是：

(1) 現在每天會看電視的舉手？

(2) 想當新聞主播記者的舉手？

(3) 有看直播習慣的人舉手？什麼類型的直播？

(4) 未來你想做什麼工作？

大家的回答通常都是：

(1) 看電視的在五位內（本班八十人），原因是：看手機就好了啊！

(2) 一到兩位。

(3) 會看直播約一半以上，大部份看電競、美妝、唱歌。

(4) 小編、網紅、短影音剪輯者（這居多）。

電視台也開始重視新媒體部門

有同學問：「新聞台為什麼也有新媒體部門？有什麼不同？」我舉了一個我自己的例子跟他說（這也是為什麼新媒體部門在電視台的人數這兩年越來越多），三立新媒體共有百人，東森新媒體也有近百人，就連今年剛收掉的聯合晚報也是為了轉型做新媒體影音，每學期我會帶同學去校外教學，會去電視台新聞部，也有電視台新媒體部門。

在課堂上，我舉了我自己還在新聞台的例子，來讓他們了解。2016 年的颱風天，颱風襲台，那一天上午六點半上班的我，因為是主管，到家快晚上八點半，同時，各家新聞

台都播著颱風的鋒面和速報，回到家的我看著颱風路徑圖預測明天可能登陸的位置。

此時，網路新聞即時快訊台報導台鐵松山火車站疑似爆裂物爆炸，有人受傷，我找到台鐵公關的 FB，因為互相有加對方好友，很快地聯繫了解。天啊！好像蠻慘的！天生有新聞魂的我，因為松山車站在我家附近，我走路不到五分鐘，我決定累的半死也要去看。很快地，我們的記者來了，我也讓主管知道我在現場，回報之後，主要的記者變成我，現場連線 SNG。這對我還好，我現場主導記者時，電視台的新媒體主管突然打給我，跟我說：「宜安，你可以幫我們直播嗎？」當然 OK！就在此時，檢警和鑑識人員一整排從我面前往月台衝，這時手機直播方便多了，攝影機全被擋下，但拿手機直播的我，非但可以一個人進入現場，且可一邊拍攝一邊說現場情況。後來證實是炸藥炸開，受傷的人很多，當手機那一頭的網友看到我一邊跑下月台一邊直播連線，他們也感受到現場的緊張。除了回答網友當下目前爆炸案的問題和進度，網友也擔心地要我小心。在那時新媒體還沒有發達，卻也一度衝上千人線上收看。SNG 連線不能拉線下月台，後來我在網路直播完，攝影機開放進現場，但現場的即時感是慢了手機一步！我為此例做一下重點整理：

- **手機直播是網友看到後問我現場狀況，主播即時回覆網友。**

- 手機拍攝畫面好不好看、角度如何不是重點。
- 臨場感是吸引網友參與手機直播的重點，這是電視新聞做不到的互動。
- 當頻道變成是看手機、平板，直播就見好就收，如果 30 分鐘能維持到 40 分鐘就算不錯的直播，不要再長。做傳統媒體的經驗，知道哪些話題觀眾必看，也會把它用來新媒體直播的議題設定上，就像是「大數據」概念。把傳媒過去可能我們也做過幾次每做必好的議題拿來試在新媒體，成績也很不錯，只是論述的方式不同而已。

那一晚，新聞台到凌晨一點收棚，我就在傳統媒體 SNG 連線跟新媒體直播，用不同的媒體渠道，讓看電視、手機的觀眾，都看到台鐵爆炸案的第一手的消息。這次的新聞事件，我同時參與了傳統媒體 SNG 連線和新媒體直播過程。

另一次的新聞事件，我已離開新聞台，當時陪父親在台大附近看診，一進診所全是黑的，後來一看全台大停電，台北市信義區及博愛特區最嚴重。我雖離開新聞台，但馬上打電話給新媒體主管，說我在博愛特區，我可以直播！一上線千人，我直播了現場停電的狀況，而每個網友都在「即時」回報自己在哪裡、停電的狀況，而新聞台也順著網友的線索去看，哪裡最慘，最嚴重！

而當有災情時，水災、地震、樓塌，直播讓人人都是直播新聞報導者。如果災情遠在很遠的縣市，SNG 車還沒有開到現場，新聞即時畫面就已經結束；但直播卻能讓最即時的畫面傳送出去，不過是在口條沒有訓練過的素人直播下傳播出去，畫面取景或許不能以專業報導呈現，但各有優缺點！歸納一下：

1. 電視新聞攝影機畫質好，手機直播訊號較不穩，畫質相對的比較差。
2. 新媒體直播一人就能工作，但 SNG 連線需要攝影加文字說明現場狀況。
3. 你在直播的同時，可以馬上知道人數上升、下降，馬上知道是否議題該收了、網友不想看了；而新聞電視則是要到第二天看收視率才知道哪一段是高點，那一段是收視低點，不能馬上做調整。
4. 直播當下，可以與網友做互動解決新聞現場疑問。

這也是為什麼，在人人看手機的時代，各傳播媒體都在轉型增加新媒體部門；在看報人越來越少，人人用手機就可以看到所有的新聞資訊時，在這個大內容、大平台的時代，是少不了直播新媒體這波新當口！

廣播節目直播網路化，疫情帶動線上直播演唱會

我想不只是新聞台、電視台感受到，隨著人手一機，電視「開機率」越來越低的狀況。從去年開始，包括廣播電台 POP Radio 就開始一邊直播錄音，外頭有小型的直播副控間，同步做訪談訪直播，在臉書平台直播。除了在開車或聽廣播的原本的閱聽眾，也多了一些可以直接看到訪談人物的網友，主持人需要回覆手邊電腦的留言，直接回答線上網友。

今年（2020）初，去了中央廣播電台錄音，他們的模式也從 LIVE 錄音之外，直接把錄音檔同步放在央廣的 FB，再上訪談人物照片和文字採訪；2020 年中再訪央廣，這次已經在設立直播棚了！廣播節目配合直播，是數位化的演進，其中也讓 POP Radio 同季基北地區收聽率高於去年的 5.5%，在廣告業務上也可獲得具體實質效益。

除了廣播節目開啟線上直播外，這次因為新冠肺炎病毒疫情影響的關係，義大利男高音安德烈波伽利於復活節時在米蘭大教堂獨唱，做他個人首次的線上演唱會，用音樂撫慰疫情嚴峻的義大利同胞及全球樂迷們，直播影片上線後，也有破萬的點擊率。台灣「動力火車」日前也舉辦線上演唱會，自彈自唱首張專輯裡的六首歌曲，創下最高在線 15.1 萬人次與分享次數 4.3 萬的驚人好成績。

娛樂產業和傳統媒體產業，隨著消費者習慣力求突破與轉型，有業者「超前布署」因此老神在在，也有業者苦不堪

| POP RADIO

言申請紓困，只能說這次的疫情確實加速直播產業的重新思
考與轉型速度。

網路節目直播化

　　因為大家都少打開電視機了，除了陪伴型的直播 APP
如 17APP、浪 LIVE 直播，開手機陪網友直播外，電視台或
是一些自媒體都開起網路節目直播與粉絲進行互動，當然也
是業務行銷的模式在轉變。

　　在此之前我簡單整理一下直播類型：

- 陪伴型：素人聊天。
- 才藝表演型：直播平台變一個表演舞台。
- 採訪型直播：類新聞採訪或 SNG，但用語較不同，多了和線上網友直接提問意見回應。
- 節目型直播：和傳統電視節目一起合作，攝影棚內訪談型直播。（例如：結合電影宣傳，命理商品置入）
- 電商型直播：類電視購物網路版，導購是重點。
- 轉播直播：給記者會、論壇、講座、演唱會的轉播。
- 知識型直播：例如：大陸「邏輯思維」羅胖。

命理節目直播

在 2017 年，還沒有去大學擔任講師時，我因為一年內接了多種類型的直播，所以電視台新媒體部門找了我開了半年的命理節目直播。財經、生活、美妝我都會，但命理我還真的不熟！從腳本企劃到直播內容標題，我自己每集都跟命理老師討論。沒想到，命理節目直播線上收看率很好，常常直播一小時，都會延到一小時後，從職場小人怎麼處理、到怎麼拜拜、房間床怎麼放五花八門，什麼問題都有！雖然最後有導購一些命理老師的產品，但因為我們有抽獎，看直播抽這一集主題可以解決問題的產品，抽三個，買的反而更多！因為節目並沒有直接在賣商品，而是像看一個互動式的命理節目，你問你的問題，老師就在線上替解答！甚至教你

| （畫面翻攝：快點 TV）

不用花錢的解決方法！

電影宣傳直播

　　另外一個類型是電影宣傳直播，這也是電影業者下預算做的直播特別節目，我舉一個例子。電影叫「最完美的女孩」，找來製片、女主角李毓芬其他演員等等。

　　這部電影內容是有關精神官能疾病，李毓芬、祖雄、主持人我本人，講到分析恐怖情人，都有很多內容可以談，網友也熱烈討論，因為這是你我生活都會遇到的問題。心理醫師也沒有想到直播問這些問題的會那麼多人！八到十集的電影宣傳「**最完美的女孩**」，每週固定發預告通知網友上線，抽電影票還能跟明星互動，自然而然，密集的直播節目也達到了一定的宣傳效果！像這類型的網路直播節目，其實直播主持人是很忙的，除了是 LIVE 播出、要 Cue 該問的問題和遊戲，最主要是控場權在直播主持人身上。比方當下有人騎車騎到一半留言說他特別來看這場直播，還很開心李毓芬回答他的留言，我們為了觀眾的安全，我必須趕快在直播時跟他說，謝謝他收看，要他先安全騎車，再看回放也可以！隨時在訪談的過程中，直播主持人要看網友現場問的問題，並請來賓回答，做好控場。

　　電影宣傳透過電視台的新媒體部門做了這幾場宣傳直播，我覺得不大帶有商業氣息，除了好玩跟網友互動外，其實也達到以下的效果：

- 製作八到十集相關直播節目，名稱就直接叫「最完美的女孩」，有宣傳電影效果。
- 置入新媒體，送票、直播抽獎。
- 介紹男女主角直播節目與網友互動。
- 故事角色分析。
- 心理學：找心理醫師分析恐怖情人。
- 命運占卜：塔羅牌老師增互動。

　　在 2017 年前半年，我還是以接 Case 的方式在直播，國內外都有。在五、六月答應院長去大學教直播時，有兩間公關公司都要做自媒體，找上了我做直播正職，後來我選擇了全台具有相當規模的先勢公關集團。他們有一個 TNN 滔新聞自媒體，請我擔任直播節目總監，我們有自己的直播棚綠 KEY 版（綠幕去背），先後做了非常長的時間，除了每週新聞週報的直播外，公關公司的客戶需要全程直播也會由我這邊去做直播。

兩隻蠍子直播

　　另外自製型的直播節目，我們開了一個很特別的現代職場攻心計與古代歷史故事、帝王統御的節目，叫做「兩隻蠍子」。叫這個名字是因為兩位主持人包括我跟歷史專家陳啟鵬老師都是天蠍座，我們的主管認為這個直播網路節目要像蠍子一樣很「犀利」的剖析！因此取了這個節目名字。

| （畫面翻攝：TNN 滔新聞）

| （畫面翻攝：TNN 滔新聞）

　　「兩隻蠍子」由我跟歷史專家陳啟鵬老師雙搭檔，主持直播節目一小時，主題都很有趣，包括職場上遇到的問題，或者是「他是曹操性格，還是最能忍到最後的成功者司馬懿」。以古鑑今的直播節目，從企劃、討論到怎麼與職場時事符合、還有兩機三機、KEY版要站要坐、到古代選的人

| 直播主題是：我只是宮女小咖菜鳥！面對乾隆級 BOSS 如何步步向上獲得關注！

物、到服裝，都很考究！記得「延禧攻略」、「如懿傳」當紅的時候，還特別請服裝幫我們借清宮服，梳起兩把頭和大拉翅！

在這個直播節目，主持人的默契和接粉絲問題的反應就要非常的迅速，功課要做足，歷史問題還好，因為我都平常有研究，所以粉絲的問題都能過關！當時我的構想是，電視台有很多節目講歷史名人的故事，收視都很好，而且蠻多台都有，有些老一輩的人或是喜歡聽歷史故事的人是觀眾，但年輕人呢？所以我用了「古今中外，以古鑑今」的方式去做年輕人的族群，比方說「職場文化」，大家都要工作嘛！

古代的 Boss 是官員或帝王，而每個人都要工作，會遇到各式各樣的問題，暗箭難防的小人，還是如何從冷宮翻身，老闆總是要你顧全大局（如懿傳裡的如懿就被乾隆要求顧全大局），看直播的粉絲就會覺得有感，一直留言，說他

的經歷，說他老闆也是這樣！看歷史人物的粉絲則是看古代君王的權謀。

另一集，我們講古今的明爭暗鬥，也有學問！職場「爭位」，古今現形記，職場如何成功爭上位？直播時講唐太宗李世民「玄武門之變」，進宮逼自己的父親李淵退位，自己當上皇帝！或是暴君隋煬帝收買人心，爭皇位，自己再上位的故事。而古今對照到現代，我想工作職場上，大家或多或少都會遇到類似的問題。所以除了我舉了自己的例子之外，直播時，我也會提供職場上，如何獲得領導認可的重點歸納。在直播時，就會先做好手板和後製，讓直播的內容更具知識性。

如何獲得領導的支援認可？

(1) 要和領導身邊的人保持良好的關係，讓這些人在領導面前多說你的好話，少說壞話。
(2) 要了解領導的喜好，避免在領導面前做出一些讓其反感的行為。
(3) 收買人心，職場人緣學必學！
　　‧ 做人重要或做事重要？
　　‧ 才高八斗，不及好感度滿點。
　　‧ 成功＝ 85% 人際關係＋ 15% 專業知識。

像這樣的這個直播，事前要做的功課很多，除了節目題目、直播腳本是自己寫之外，還要和歷史人物結合，與陳啟鵬老師去討論，再出腳本。另外也要符合一般普羅大眾想知道的職場議題以及熟悉的古代人物。偶爾我們也會符合時事，比方當時延禧攻略正紅，我們就一連做了兩集，線上收看表現都不錯，用魏瓔珞小宮女的例子去做，如何在職場上讓老闆高層重視和關注。服裝、背板的字幕也有講究、古代人物的影音片段，要請攝影先剪帶子出來。網友五花八門的問題，也要機靈的即時反應回答。

直播節目腳本摘要：

(1) 加入核心部門，贏得核心人物

魏瓔珞入職的起點不高，就是後勤部門繡坊的技工，但

有BOSS皇后娘娘可靠 忠誠讓你被信任

| （畫面翻攝：TNN 滔新聞）

很快就獲得破格晉升，被皇后調入核心團隊。在皇宮有三大核心人物，除了皇后就是皇上和太后。這三個大老的部門就是核心部門，她先贏得皇后的心，後面在太后大壽獻計獻策，展現自己對太后的崇敬，再次獲得太后欣賞。她厲害的地方是在大人物面前，怒刷存在感，鋪下進階之路。在職場，要逆襲，如果你在邊緣行業、邊緣部門、邊緣崗位是不可能做到的。

(2) 幫助主管、老闆發揮長處，補足他們的短處

魏瓔珞的向上管理能力極強，她能贏得皇后的心最重要的一點，是她能補足皇后的短處。其他同事的心思都在日常工作，而她的心思在幫助皇后處理頭疼的部門鬥爭。

皇后個性溫厚，不擅長爭鬥，魏瓔珞每次在其他部門放暗劍企圖中傷皇后的時候，都能慧眼識別他們的把戲，幫助化解部門之間的鬥爭。能幫助領導解決最頭疼的問題，工作就最出彩。主管也是普通人，有其長處和短處。如果下屬能幫助主管發揮他的長處，同時補足他的短處，那就能迅速建立和諧的上下級關係。現實中，很多下屬即便發現主管有考慮不周的地方，會覺得那是你的事情，還是不要多嘴管閒事，白白浪費了贏得人心的機會。其實，領導特別希望有人能幫助他留意一些盲區，抵禦未知風險，甚至能站在他的角度去考慮問題，如果你是這樣的人，就去表現，讓領導知道，你可以在他的短處補上，就能組成戰鬥裏更強的團隊。如果

只會躲在一邊暗自的想，等看你的好戲吧，反正和我無關。那職場進階和你也沒什麼關係。

(3) 忠誠可靠，行為可期

向上管理的最高境界就是主管和下屬相互信任，工作中的配合默契十足。因為魏瓔珞出色的工作能力贏得了皇后的心，所以每次有惡人告狀，甚至是皇上要懲處魏瓔珞，皇后後都說：「瓔珞的為人我了解，她不是這樣的人。」這就是信任的最高境界，你都不必解釋，我自然懂你。一個眼神就知道你的心思。另外再總結職場三箴言：

- 問題出現的時候，找到解決之法才是首要任務。
- 等待機會的同時別忘了做好份內事。
- 如果能力還撐不起你的野心，請拿出十二分的努力。

這集直播內容，很貼近我們現代職場會遇到的問題，所以我把直播腳本列出來。當你以為魏瓔珞、皇后與高貴妃的角力橋段只出現在深宮之中，其實職場中也是反映著類似現象。身為公司小菜鳥，如何像「延禧攻略」女主角魏瓔珞般自保上位？邊直播講深宮的求生之道，邊學職場自保術！這新媒體節目是要做非常深的功課的！有時候，像我不大懂三國，但有一集我們講「三國人物厚黑學」，我就要趕快去讀下那部份的歷史。

（畫面翻攝：TNN 滔新聞）

· · · ·

PART 4

政府政策宣傳直播

　　我接到了一個讓我「啊」的直播案，內心 OS：「為什麼做這個直播啊？」我看了腳本之後，心想，會有人來看嗎？而且具有危險性，要先爬上工地鷹架，再走半小時的捷運軌道……

啊？連新北市三環三線也找我直播！

　　那就是新北市捷運局三環三線直播！其實腳本看了半天，只有一個重點，就是訪問工地主任，捷運局副座，還有介紹三環三線通車後的方便性！

　　但現場畫面就是很熱的火焰，再把軌道一個一個的焊接

起來，最後才能順利通車。新北市民一直抱怨三環三線遲遲
沒有通車，所以這個直播出動了三台 4G 攝影機在超高的捷
運軌道上，而且堅持找有新聞主持或主播經驗的人來直播。
到了現場我就懂了，每個軌道的接縫不但要在高溫炎熱的工

作環境接起來，還要有每日 33 ～ 34 度的溫度限制，才能順利把那一塊軌道密合！

這場直播很硬，有點科學，也要幫捷運局的人說明清楚，為什麼要到直播的那天才能順利完成最後一塊的軌道。但你能想像這場直播當天總共有十萬人收看嗎，我都嚇到了！

不得不佩服！新北市捷運局行銷這個活動的小編和工作人員，為了讓新北市民眾買單看完「我們為什麼今天才OK」，儘管直播畫面到題材都很硬，但他們想出的抽獎禮物是一百份「強調防小三老王出軌蝴蝶扣」，大小一模一樣

的捷運軌「蝴蝶扣」,打的標語就是「扣緊幸福」,放在家防老王小三出軌!

別說一百人要放在家防出軌了!有多少鐵道或軌道迷等著就是抽這個!Tag 三環三線成功,FB 轉分享!這個直播真的因為抽獎的贈品讓十二萬人點閱收看!

經濟部中小企業處直播

還有一個是稅務、會計、繳稅的直播。像是經營部中小企業處希望宣導繳稅需知,通常這種直播就是把這些內容變成例子或大家會遇到的問題,不然太難的,觀眾基本上聽不下去。跟觀眾分享「專業知識」,用直播宣導出去,像我接

下這類型的直播，我會讓專家多去說明，再從一般觀眾的思維去問問題，把網友會想問的問的問題，預設成跟我一樣！

舉例來說，面對跨境電商，我問了如果我批貨帶韓服回來代購要怎麼繳？這就跟很多人息息相關了！另一種就是跟經濟部中小企業一起推廣或輔導在地的魚啊菜啊，相對簡單。舉例來說，直播賣台南的魚，把特色、為什麼台南可以養出這麼別的魚種、介紹魚料理可以怎麼料理，最好來個三

吃，讓廚師在邊做料理時，美味呈現，直播時自己要吃的「津津有味」！

美食直播好解決，但像是經濟部中小企業處，要推廣輔導一些公司的技術，比方 3D 列印或 VR、機器人手臂的中小企業直播，難度很高，事前的功課得做足。通常會有不少粉絲因為好奇來詢問技術和功能，比較有趣的是我在直播這間企業時，來看直播的網友和粉絲，會很認真的留言：「這間公司有在徵才嗎？」

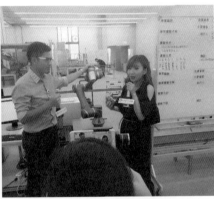

. . .
○
●
●
●

PART 5

當人人都能是網紅，要怎麼開始直播養粉絲？

◎ 陳慶富和其他1人

對網友來說，所有的留言都想被喜歡的直播主看見

在直播的過程中，所有的網友都想被我看到或喊到名字，回答他的問題。這就是直播最大的優點，互動式思維就是讓使用者，也就是粉絲參與其中，形成一種互動關係，甚至到零距離互動。一般來說，直播的互動模式可分為三種，留言按讚分享、打賞、送禮物，而

很多直播主往往覺得自己粉絲夠多，就不必與粉絲有個人化的互動，有些粉絲的問題無法獲得直播主回答，他們是真的會私訊你「哭哭」、「我有上線你都沒有回我」，這是我或其他直播主都會遇到的狀況。等太久，或不回答，這可能就消磨了使用者的耐心，甚至會取消關注。直播主即時與粉絲的互動，甚至能養幾個鐵粉去幫你傳播直播與分享。總而言之，在直播主增強了彼此的互動之後，才能帶動使用者的參與度，讓他們成為你的「專屬鐵粉」，讓他們得以積極捧場支持。

你得把路人通通伺候成你的鐵粉

在直播行銷中，粉絲思維相當重要，要做一個受歡迎的直播，基本上就是要把你手機屏幕外的陌生人、不認識但喜歡你的粉絲「伺候」好，就能得到超級真愛鐵粉。而這些粉絲就是維繫場場直播的原動力！

阿里巴巴的創辦人馬雲曾說：在互聯網中，沒什麼是不可以的，只要把你的粉絲「伺候」好！沒有粉絲，就沒有直播或 YouTuber，更談不上直播行銷，因此做直播就必須具備粉絲思維。

直播主可以在直播的同時，與觀看你粉絲深度互動，交流對話，尤其要回應粉絲提出的意見，會讓你的粉絲在這場直播中，獲得更多的滿足感。但一開始，我也是無法適應的。有一場直播電器直播記者會，因為前一天有發粉絲團發直播

早安

Kavalan Ting 林 0:31
兩位都超美的

Novia Lin 1:20
加油加油

永昌 張 2:06
美女孫瑩瑩嗨（小編）

永昌 張 2:42
瑩瑩漂亮好看耶（小編）

林信吉 0:00
瑩瑩姐內心 也是有少女的靈魂

分享　留言……

預告，當時有藝人去記者會，代言人還是孫瑩瑩，直播結束，公關大叫說：「這三個粉絲在等你，要合照！」

我說你們是來拍藝人的吧？他們說不是，昨天你的粉絲團直播預告，他們看到地點在信義區某家飯店，就一早坐高鐵從新竹北上，因為兩小時直播很長，也不能進入會場，只能在外面等。那時，我也只能趕快跟他們合照完結束行程。

另一場是我的演講，粉絲一早來選好位置拍照外，準備好飲料，從頭拍到尾，還不停地傳照片給我。演講完，拍完照、簽完名，問我可不可以來個大擁抱，我當場夾著尾巴逃跑……這是很初期直播的事了，畢竟還是覺得安全距離還是要有的。

以上這些粉絲，真的無論我在浪直播、中天快點 TV 直播、大陸一直播，無論哪個平台，他們都會想方設法去申請帳號，幫我的直播留言衝人氣！無論你在哪，隨時 Follow 你的一切，你的行程，你的直播！

到如今，近期接受 POP Radio 的訪問，我沒有發任何訊息，但錄完訪問，POP Radio 一樓出現三位男孩，竟印出我 FB 上的照片，請我簽名。我已經習慣了，網路上互動良好，但現實的安全距離，也要自我拿捏保護自己。

還有粉絲知道我三天都在數位時代商務展直播各國科技和新創產業，三天都來捧你場看直播之外，一直側拍你，或許心裡還是覺得怪怪的，但鐵粉嘛！他坐在那不妨礙你，這或許也是粉絲支持直播主的表現！

除了有好的粉絲喜歡你，也會遇到不喜歡你的粉絲在平台上罵你，這個經驗，在大陸內地一直播的平台，我遇到了。我還記得是介紹台北大直萬豪酒店的直播節目，有一個內地粉絲，聽我口氣「台灣腔」，就直接在留言處，直白的說：「台灣人滾回去！台灣腔！」當我看到留言的同時，內地直播間也有十來萬粉絲也同步看到了這位網友的留言，雖

然內心很想說：「你不看就關掉啊，罵什麼罵？」但我說了一句：「XXX，我看到你的留言囉，謝謝你來水晶主播的直播間，要持續關注加追蹤我喔！」就這樣，這位內地網友不但關注加追蹤，也從頭到尾在線上把直播節目看完，之後的直播場，也會來捧場。千萬別跟網友生氣！要把討厭你的網友變成你粉絲！無論在那個直播平台都一樣！

打開手機，怎麼開口做直播？

在 2020 年，想要做網紅、陪伴型直播，一支手機就能做到；在家裡，想要做好一點的直播，高檔數位相機也能做到；想在戶外，買個手機穩定器，GoPro 也能做到好玩、不同的直播！當然，現在記者會的直播、演唱會的直播，會用 4G 包攝影機直播，畫質更穩定！但如果你是一個直播新鮮人，想要開始開口做直播，你可以用手機，加上直播腳架，外加直播麥克風這些簡單的工具就可以！

雖說，硬體方面有要求，但想當好的直播主，重要的是，思路清晰不能冷場！這時口語訓練跟表達，就很重要了。我在銘傳大學新媒體系教直播的課堂中，大約在第二堂課就會要求每位學生對著手機講三分鐘直播的自我介紹。但很多人連三分鐘都沒辦法，因為面對冷冰冰的手機，會不知所措；或者是自己一直講自己的，沒有去看網友的回應和要求。我很幸運，在電視台十七年，只知道地震搖了下，就可以播報二十分鐘的新聞大事件。SNG 連線和主持播報，是我進入直播產業非常大的利器，內地阿里巴巴的一直播要我節目連續直播兩個半小時完全沒間斷，我也完全 OK！

　　所以在這個時候，我不得不說，在傳統媒體面對鏡頭不會緊張怕生和「即時馬上」要上場的 SNG 的長時期訓練和播報，當然還包括走位、運鏡、鏡頭角度拍攝、到肢體語言，我都在傳統媒體學習中，紮下完整的基礎！

直播語言要素

・一定要問候話語

有些直播主一開口就被扣分，不是停頓下來或接不下去，而是「不會說話」。比方說我在內地直播，上線五秒我會說：「各位寶寶好，我是來自台灣的水晶主播！」在台灣開播我是直接說：「Hi！大家上線了嗎，聲音跟畫面都 OK 了嗎？水晶今天⋯⋯」直接切入主題，每個人要用自己「最自然」、「不做作」的方式開場。很多直播主一開直播，完全不看留言自顧自的說話，沒有互動，至少喊喊你上線的粉絲吧！先把場子熱起來，粉絲就會覺得，直播主與自己距離很近，感受到「被重視」，也就會持續收看直播。

・別太多專業術語，不要怕冷場，即時回答

如果你是要介紹產品，別一開始直播，就丟出專業術語。如果你一開始就講了許多對產品的功能或專業知識闡述，那可能開場線上人數就往下掉。盡量用聊天的方式通俗表達！冷場的時候也別慌，這時直播主可不能不說話，如果沒有人回應你，該怎麼辦呢？以下是解決方法：

(1) 有可能他們就是比較單純看直播的受眾，剛進直播間不認識你，跟你還不熟，是你的新觀眾。所以不要驚慌！

(2) 有養超級小編鐵粉嗎？這時就 Cue 個十人來線上炒氣氛回應，一來一回，把人氣熱絡起來！

(3) 如果這些都沒有用，你可以適時地換個主題聊！記得有一次我們命理節目的直播，覺得下蠱或下降頭會比較少問，沒有想到原本的主題沒什麼人，上線人數平平，但才講幾分鐘下蠱或下降頭，直播線上人數瞬間多一倍，網友的問題如雪片般飛來！後來切換這個主題講了快四十分鐘。靈活性的轉移話題以及看線上人數的上下起伏和留言問題回應的多寡做改變，直播時的臨場反應也是一門學問！

鏡頭語言對直播的重要性

- 每個鏡頭都要拍到，比方說拍美食，請用可各式各樣的角度去呈現。
- 遠景近景都要拍，最好能 360 度無死角展示。
- 呈現產品細節。
- 根據使用者（也就是看直播的觀眾）展示產品或畫面。

以我自己做了很多場美食直播的經驗，如果是自己手機一個人拍，先講完後，把手機翻轉到食物煮起來或上菜的畫面。比方說，裡面有魚卵還是特別的內容食材，一定要切開來近距離拍攝裡面的食材！近景、中景到遠景都得拍，包括拍你吃美食表情，也很重要！

　　如果看直播的粉絲問你，裡面的是用什麼做的？你也要一邊回答一邊示範拍攝給他看！他就會就覺得直播主跟他之間很有參與感！畫面鏡頭語言越好，讓像讓網友跟著你在現

| 遠景　　　　　　　　　　　| 中景

| 近景　　　　　| 近景　　　　　| 近景

| 表情要生動！讓網友覺得你是大胃王嗎？不過我是真的有被嚇到，這是自然而然的表情，因為太大份量了！

| 是不是這個鏡頭看起來鍋子比我的臉大三倍！

場吃，深入其境的感覺！那直播基本上就不會失分了！

比方說，有一場我介紹了超大一人份的早午餐，直播畫面鏡頭就算鍋子再重，也要拿起來給直播粉絲看，哇！裡面有多少份量！鏡頭就從上往下拍，給大家看，美食多到誇張！直播主的表情語言，也會讓在看直播的粉絲真的覺得，哇！好多的量啊！主播是不是大胃王？吃得完嗎？等等，問很多問題。

另一場直播，因為太過特殊，我特別要提一提，去丹麥跟 IKEA 合作的 SPACE 10 實驗室。因為要介紹的是「未來食物」，我吃下去的漢堡裡面的牛肉、炸的金黃酥脆的薯條，全都是「麵包蟲」做的！不誇張！麵包蟲！麵包蟲！麵包蟲！就算丹麥收訊不大好，但這經典的麵包蟲料理，再覺得OOXX也得直播出去讓台灣的粉絲知道。真的有主播吃了

| 這就是讓我難以下口的未來食物！麵包蟲套餐！

「麵包蟲漢堡」！這新奇的內容，我的表情，當然也很重要囉！

　　那趟瑞典丹麥之旅，還有去 IKEA 在瑞典阿姆胡特的總部以及丹麥，像是在 IKEA 總部做的全程直擊直播，因為收訊差，一直斷訊！除此之外，我在丹麥時趁著空檔，有繼續做一些直播。由於在丹

麥兩輪當道，首都哥本哈根的單車數量超越汽車，於是我就在有「自行車王國」之稱的丹麥首都哥本哈根裡，在哥本哈根的街道上做起直播，介紹這個城市內的單車數量，正式超

越了汽車數量！

　　所以直播內容就真的只用手機拍。哇！真的是很少車！大家連上班穿西裝都騎單車上班！因為有 86% 的市民都擁有自己的一台單車，為的就是減輕空氣污染和緩解城市的交通壅塞情況。特別一提，鏡頭拍的好的確是應該的，但就在我直播的同時，掌鏡直播的攝影就這麼不小心的在直播中把我的手機直接摔到地上，我的內心在哭泣，但也會意外地吸引網友的目光。

．
．
．

PART 6

新媒體對企業行銷與公關產業的影響力

養記者媒體還要養網紅

「個人經濟＋直播經濟」＝新的工作型態必須被改變！許多產業不得不轉型。當我們的眼球從傳統媒體到一支手機，大家越來越愛看網路互動節目，颱風來了也選擇用手機看氣象局預報員直播，追蹤每日新冠病毒疫情也很少打開電視，直接時間到就看全程直播。這就是前面提到的，傳統媒體產業為何必須走向新媒體。

另外，新媒體也使公關行銷產業面臨了很大的轉型。舉一個自己的例子，我曾經在大型公關公司擔任新媒體直播節目總監，有一場活動，他們為日本平價服飾 UT（Uniqlo

T恤）辦了一場大型例年 UT 展。以往公關公司行銷點子出來後，必須找新聞點來報導，養好線上的消費線記者。但新媒體的效應更大，雖然公關公司轉型的過程很辛苦，但在他們把各類型如 3C 科技、美食、消費、親子類網紅等等，收集到有上百位網紅名單時，影響力跟效益更大。現在的記者會，藝人、名人代言不再是唯一，但媒體記者平日的關係還是要打好！

　　就像那場 UT 的展覽，邀上各類網紅來現場，有的自拍影片，放自己的 IG、FB、YT；或是像我走完一整場全程直播與網友互動對答，可能效益遠超於電視台記者的報導。電視台記者受限 NCC 法令，一分半鐘新聞必須規避品牌名稱，或是要併另一家業者名稱，達到平衡報導。但如果是新媒體，聚集百位網紅的散播能力，那場 UT 特展，就話題性十足！有直播主，有網紅，也有藝人、主播，我就在直播全程時，遇到前同事主播劉傑中。來參與的每個 YouTuber 也好，主播也好，直播網紅、藝人，只要出席，全讓你穿一件 UT！而當你開手機，FB 粉絲團、有名氣 YouTuber 的影片，都出現了那場活動的短影音和直播。每個人拍照上傳 FB，IG，再加上 Tag 活動，網紅與新媒體的力量不容小覷！

　　這也是後來為什麼後來很多公關公司都說，找有人氣的 YouTuber 或網紅代言，價碼竟比藝人還貴。公關公司不只要養記者，也要養大批網紅！

除了傳統媒體報導，多了各類網路社群平台，讓 YouTuber 及網紅發揮新媒體的影片力，達到舉辦活動的加乘效果！

YouTuber 帶動共感經濟，55% 消費者購買意願受影響

　　根據先勢行銷傳播集團與東方線上消費者研究集團，在 2019 年底曾共同發布第三類媒體年度報告。第三類媒體已搶占消費者眼球，約有 77% 的受訪者每天至少觀看一次 YouTube 影片，YouTuber 帶動共感經濟，55% 消費者被 YouTuber 影響購買意願。數位化科技發展，改變民眾生活及吸收資訊的行為，消費者收視習慣從一般傳統媒體移轉至數位平台，「第三類媒體」勢力日漸擴張。先勢集團與東方線上發表第三類媒體年度報告，內容包含多螢關注度的歷年變化、YouTube 稱霸視界吸引消費者龐大收視、網紅市場邁向區隔性、揭曉五大類型 YouTuber、2019 最新前五大 YouTuber 新占率排行等。

　　另外，先勢集團分享企業品牌挑選網紅準則、YouTuber 帶動的共感經濟轉化消費行為及企業選角 YouTuber 的評估因素；在第三類媒體已搶占消費者的眼球下，企業品牌除了傳統媒體的宣傳模式，善用網紅讓消費者體驗共感，產生購買意願，搶奪數位眼球商機。

　　而根據東方線上最新出爐 2020 年版 E-ICP 資料庫顯示，13 ～ 25 歲年輕人近一週有上網的比例已達 100%，超過全體 98% 的比例。從使用時間來看，每天平均上網時數也以 4.6 小時高於全體的 4.1 小時；13 ～ 25 歲手機上網時數達 3.1 小時。使用即時通訊（如 LINE）、線上聽音樂，看影片（如

YouTube）及瀏覽他人社群網站（如 FB、IG）是 13 ～ 25 歲年輕人最常從事的網路行為。

　　其中，15 ～ 25 歲年輕人使用 IG 比例達 76%，超過全體的使用比例兩成以上；透過電視及網路收視影音的資訊者比例逐年增加，20 ～ 34 歲年輕人已高達 65.7%，雙螢生活模式對於這些年輕族群儼然成為多方吸收資訊的管道主要來源。YouTube 近五年來在台灣的使用率急速成長，從 2014 年的 67.4%，爬升至 2018 年的 82.5%；根據 Brand Asia 亞洲品牌影響力大調查，YouTube 於 2018 年及 2019 年連續兩年占領台灣市場成為消費者心中最具影響力的品牌，也展現出台灣市場獨特的影音生活需求。台灣消費者對 YouTube 呈現高度黏著，約有 77% 的受訪者每天至少觀看一次 YouTube 影片，且越年輕的世代越黏 YouTube，25 ～ 29 歲每天收視 YouTube 達 1 次以上的就高達 83.2%，這群「數位新生代」，要如何吸引他們的注意及討論，也是現今企業品牌運用 YouTuber 及 KOL（關鍵意見領袖）所希望達到的目的需求。消費者的購買行為模式也跳脫以往受到傳統媒體宣傳的影響，YouTuber 在社群時代的推波助瀾下，透過其自身體驗的分享，影響消費者的購買意願。

　　55% 的受訪者表示，過去一年曾因 YouTuber 或 KOL 的介紹，產生購買相關產品的行為；68% 的消費者表示因為 YouTuber 影片拍的有趣，自然地注意到他說的商品內容；59% 的消費者是因為喜歡特定的 YouTuber，所以比較願意聽

他說的內容；56% 的消費者同意 YouTuber 對於品牌及產品的描述，讓他們覺得更貼近對其產品的實際需求。

企業開始接受直播新媒體的影響力

企業品牌也嗅到與 YouTuber 和 KOL 合作擴大宣傳的商機，先勢集團公關這邊提供給我的資料也發現，在短短十個月內，集團客戶與 KOL 合作的活動占比快速成長三倍，顯見企業品牌在公關的操作上對網紅的需求與仰賴也開始大量提升。但要如何挑選適合的 YouTuber 和 KOL 呢？

第一，要先評估網紅與品牌及產品的連結度，是否粉絲們會買單，網紅是否有說服力？

第二，要觀察網紅本身的人氣與形象，是否網紅的言行舉止過度爭議或引發反感？

第三，要檢視網紅的傳播平台效益與粉絲互動度。

我想可以參考之前網紅的相關影音所觸及的觀看人數，及留言底下與粉絲的互動，做為建議企業品牌網紅合作的考量點，以達到雙方後續宣傳相輔相成的效果。公關產業行銷要如何找尋適合的網紅或 YouTuber？現在主流消費者，七年級生到九年級生，都成長於網路世代，他們的消費行為，和我們六年級尾巴，比起來有很大的變化，他們更重視生活態度、消費方式與目的；個性化、社群化就是他們的生活

Style！

企業直播宣傳產品

PGC 就是 Professionally Generated Content，是專業生產內容的意思。

如果企業想做一場好的直播，其銷售轉換大都仰賴專業生產內容，而在直播行銷的領域裡，PGC 中的「P」更聚焦在於「話題型人物」或「知識型專家」，指的就是明星、網紅和專家！

無論是我自己直播或是跟新媒體合作直播的情況，我大部份都跟企業合作直播，以美妝產品，或是美食產業、消費型企業居多。我可能不是屬於一般的網紅或直播主，因為我本身在新聞台長久的資歷和財經、生活專業形象外加主播顏值還過得去，專業領域上的企業，比方說緯創的子公司，或三星、美圖等科技產品，都會因為我的知識性去找我直播介紹。不是屬於帶貨型的直播主，比較像企業的直播主持人。另外四年的直播經驗，我與粉絲可以互動良好，在傳統媒體訓練下，可以「反應快」的回答網友，久而久之，現階段，我成了各個企業到政府或是中小企業會找我去當怎麼教「直播」的專家。因為各種直播形式，在這四年來，我都做過了！

企業直播的內容，目的就是品牌曝光，關注度，銷售量！業者可以透過網紅平台或公關公司找適合的網紅，也可以找藝人明星直播。因為在新媒體的時代，人人都是直播主，藝

人也可當直播網紅。前面提到的內地大型的淘寶直播，大咖直播主就是黃子佼跟吳宗憲。

有些企業後來發現直播的好處，例如溫泉水業者就找來調茶師搭配對星座有研究的藝人郭子乾，用調出來的不同溫

| （畫面翻攝：快點 TV）

泉水飲料，讓郭子乾說哪些星座的人適合什麼飲料？全程直播產品，都不用馬賽克！

(1) 我是那場活動的直播主持人，公關公司用雙平台直播，宣傳業者的溫泉水。

(2) 代言藝人郭子乾的星座專業到調茶師本人都可在直播中被宣傳到，如果在電視或平面就是廣告，可能會被罰錢。後來直播產業或網路節目變成顯學，藝人有的自己開直播，跟粉絲互動增人氣，藝人郭子乾也製作起「星不了情」的網路節目。從傳統媒體的綜藝節目，到用自己原本的明星聲量開始新媒體的世界，再創事業第二春！

疫情帶動線上教育，「不碰面、零接觸」的直播商機

另外，2020 年因為新冠肺炎病毒全球肆虐，企業轉型線上的直播互動教育，也變成王道和顯學。大學教書最好線上直播，教育部更打算要開線上直播平台 APP 讓學生上課！我最近接到的 Case 跟網球拍有關，企業要開班授課教直播，因為疫情，線上教學流行，他們覺得可以培養一些達人！另外，台灣頗具規模的全球直銷企業，下線轉為網路世代的年輕人，他們要把過往一對一，或一對多「上線對下線」的直銷系統，用直播平台，去推廣找尋更多的未開發的下線（網路粉絲）！不只是團體對團體，原本的人跟人之間的互動直銷模式當然還是存在，過往直銷產業塑造出皇冠級的高階上線領導人，常常必須對他們眾多的下線上課，但基於疫情以及年輕人數位化的使用，除了直播，還會線上開網路節目上課。高階領導人錄完影音，放在自家企業的平台，除了防疫，不用一對多，也為新世代年輕人進行數位轉型。以往這些直銷企業的皇冠級的高階領導人，也許在網路的直銷平台直播，會變成不只皇冠級的 Top Sales，也可能變成皇冠級的 Top KOL ！

「微網紅」或「奈米網紅」崛起

不過百萬網紅就真的有達到企業主的需求和成效嗎？來提提大眾型網紅及垂直網紅的不同。網紅可分為大眾型網紅

及垂直網紅,大眾型網紅廣受大眾喜愛,提供娛樂性性質及心靈啟發的網路名人;至於垂直網紅,為特定領域的意見領袖,或專業的資深人士。垂直網紅的粉絲群雖總數較大眾網紅或百萬 YouTuber 少,但往往凝聚力跟目標群更精準!

　　最近我在電視台做標案節目以及飯店公關主管的朋友,跟我分享現在他們比較少找百萬 YouTuber。他們現在最常找的是「微網紅」或「奈米網紅」,粉絲數可能都不到十萬!

什麼是「微網紅」（Micro）、「奈米網紅」（Nano）？以數字來區分：量級的劃分以 2 萬追隨者為臨界點，2 ～ 10 萬追隨者稱為微網紅（Micro）；小於 2 萬的則是奈米網紅（Nano）。「微網紅」（Micro）或「奈米網紅」（Nano）除了性價比高外，最重要的是，他們發現，百萬網紅或 YouTuber 可能粉絲量非常多，追蹤人也非常多，但這些粉絲來自四面八方喜歡他們個人風格的人，裡頭可能有喜歡 3C 科技、鋼彈直播的宅男粉絲，或是喜歡美妝產品的少女們，也可能有喜歡居家生活的家庭主婦，粉絲多，上線人數很好看！但 TA（Target Audience，目標受眾）並不精準，他們發現看直播下單的人，不見得能跟他的百萬粉絲量成正比！

　　而微網紅（Micro）或奈米網紅（Nano），他們可能只有幾萬粉絲，但他所介紹的產品可能就是單一項目、類別，他們在使用過這些微網紅直播或拍攝短影音後，發現效果不輸百萬網紅！我個人認為百萬 YouTuber 或網紅，已經「名人化」或「藝人化」，有專屬的經紀公司操盤，就像過去經紀公司在經營明星一樣！而這些微、奈米網紅，對你來說也許是陌生人，但極有可能是別人眼中的意見領袖，且比起大網紅來說更加親民、接地氣。除了互動率之外，追隨者少於 10 萬的網紅們還有個重要的特色——便宜。一位大網紅的貼文價格，可能可以請到 30 位以上的微、奈米網紅。也因為微網紅、奈米網紅不是人人認識，光是要「找」到這些人就是商機所在。所以越來越多 KOL 媒合平台在協助品牌與

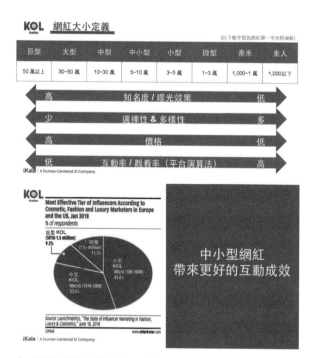

（資料來源：愛卡拉互動媒體股份有限公司）

廠商找對的「TA」的網紅，同時提供網紅自我曝光的機會，如愛卡拉 KOL Radar、Asia KOL 亞洲達人通、新創 MATCH Now 媒合平台等。

各家 KOL（網紅）媒合平台應運而生

這裡我以 2020 年宣布完成 1700 萬美金 B 輪投資的愛卡拉公司，其中的服務項目「KOL Radar 網紅」和業者媒合平台為例。

在之前的的篇章，我有提到過去四年前一開始做的iKala 直播平台 LIVE HOUSE IN，現在轉型非常成功，他們將愛卡拉 KOL Radar 做的有聲有色！

iKala 執行長暨共同創辦人程世嘉，2012 年，年僅 32 歲的程世嘉，從 Google 轉戰 iKala，將原本以線上 KTV 服務為主的 iKala，轉型為人工智慧科技行銷新創公司。推出社群電商工具 Shoplus 與 AI 網紅分析媒合平台 KOL Radar，成為全台最大網紅媒合平台。iKala 旗下行銷科技服務，收錄超過 40000 筆以上跨國網紅名單，及近億筆 Facebook、YouTube、Instagram 即時社群數據，透過 AI 技術達成最佳化網紅推薦，打造成效型網紅行銷。

KOL Radar 專業團隊提供包括行銷企劃、網紅媒合對接、數位廣告投放等服務，服務範圍橫跨台灣、香港、泰國、馬來西亞、新加坡，成功服務客戶超過上千家企業。

KOL Radar 網紅媒合平台利用 AI 重新洗牌網紅經濟，不只快、更要準的加強網紅搜尋與推薦。以 AI 技術進行精準配對的網紅數據資料庫，KOL Radar，藉由獨家的數據分析技術與專業網紅經理人團隊，提供最完善量化數據及配對建議，協助企業主依照產品需求及特色，找到最適合的KOL。如何透過 AI 運算以及大數據分析，協助 KOL Radar平台？可以根據客戶挑選喜好，自動推薦類似調性以及分眾族群的網紅。簡而言之，KOL Rardar 就是一個讓品牌、廣告主找到最適合網紅合作的平台。如何持續增進使用者在網紅

搜尋結果的精準度，進而幫助廣告主提升業配的轉化率，都是 iKala Radar 希望透過團隊協作，以 AI 技術來突破的挑戰。

Who We Are?

亞洲最專業的AI數據化網紅行銷

上億筆即時互動數據，透過 KOL 精準行銷達到最佳成效

AI分析社群貼文/影片數	跨平台KOL 📘▶📷	品牌廣告主
100,000,000+	50,000+	15,000+

iKala | A Human-Centered AI Company

（資料來源：愛卡拉互動媒體股份有限公司）

KOL Radar 網紅行銷 服務優勢

平台數據系統化
千萬筆資料中匹配最適合的中小型網紅

高品質內容把關
服務客戶包含：國際品牌、國內知名品牌、大型企業

KOL 商案經驗豐富
一年上千人次執行經驗超過百人規模活動執行經驗

成效型方案
協助檢核 CPE (cost per engagement) 及轉換成效

iKala | A Human-Centered AI Company

（資料來源：愛卡拉互動媒體股份有限公司）

而 AI 加速網紅名單建立流程，減少人工判斷誤差。過往 KOL Radar 網紅資料庫建置的流程，會先將網紅名單匯入，接著以人工判讀為每位網紅分類，包括美食、生活、旅遊、美妝、音樂、感情等各種類型，平均每月大致新增 2,500～3,000 筆數據。這樣的手工貼標流程，網紅分類主要取決於數據人員的主觀判斷，在完成速度與精準分類上都有侷限。導入 AI 自動貼標（Auto Tagging）後，不僅可以提升名單建置的速度，同時也減少了人工判斷可能造成的誤差。

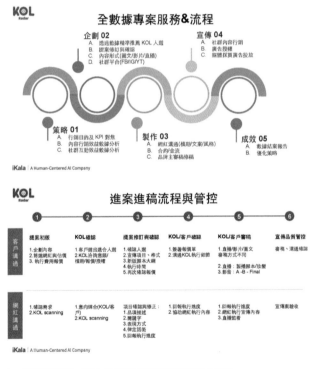

（資料來源：愛卡拉互動媒體股份有限公司）

| （資料來源：愛卡拉互動媒體股份有限公司）

AI 自動貼標，定期更新網紅分類，隨時掌握網紅發文風格

　　但要如何做到網紅自動貼標？iKala Cloud 團隊，利用自建的辭庫搭配 Word Embedding 的自然語言處理（NLP）技術，找出網紅創作內容文字中最相近的詞彙當作標籤使用。網紅的創作風格有可能隨著不同社群平台屬性、時間、社會議題而轉換，例如原本屬於美妝類型的網紅，在經歷結婚生子後，後期的貼文都是分享育兒生活，因而轉變為親子型網紅；透過機器學習與 AI 演算法來分析歸類，即可做到動態更新網紅類別與專長標籤，對於行銷人員來說，更能精準地評估網紅屬性與自家品牌形象、產品調性是否相符，進而篩選出最適合行銷專案活動的網紅。

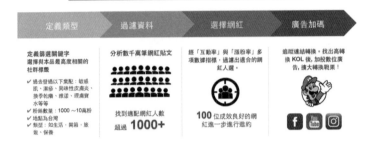

AI 推薦網紅，發掘「帶貨力」強大的網紅人選

不管是擁有百萬粉絲追蹤的藝人、大號網紅，或是幾千鐵粉吹捧的微網紅、素人直播主，網紅行銷的目標，最終還是希望透過 KOL 的影響力為企業導入流量、達到聲量擴散或是商品的銷售轉換。iKala Cloud 團隊協助 KOL Radar 導入 iKala Data Lake 顧客數據平台，蒐集使用者在站上的行為，包含搜尋網紅、瀏覽網頁、點擊頁面等數位軌跡，結合數字指標如粉絲數、貼文數、互動數、觀看數與文本資料如內容關鍵字等多元資料類型，將網紅分群（Clustering）與進行相似度分析（Cosine Similarity），利用協同過濾，建置個人化 KOL 推薦引擎。另外，KOL Radar 也提供用戶進階的觀察指標：「互動率」與「漲粉率」，進一步量化評估網紅人選的

用數據挖掘社群熱議話題

運用 KOL Radar的數據庫，幫助客戶過濾本品
與各項競品在3大主要平台（Facebook、
YouTube、IG）各項指標：

- KOL 數量對比
- 貼文量對比
- 社群標籤（social tags）對比
- 社群平台互動率指標對比
- 常用關鍵字對比
- 熱門話題對比

經由數據，尋找最佳議題並以作為擬定行銷策略
的重要參考依據。

iKala | A Human-Centered AI Company

（資料來源：愛卡拉互動媒體股份有限公司）

用 KOL Radar 的數據力 適配網紅

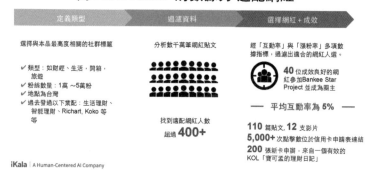

iKala | A Human-Centered AI Company

（資料來源：愛卡拉互動媒體股份有限公司）

數據表現，幫助廣告主篩選出最適合、最會賣的網紅人選。

更進一步，系統會將使用者的反饋與關鍵轉換動作（把
AI 推薦的網紅名單加入、移出專案清單），當作 AI 推薦模

型的驗證參數，重新調整演算法權重，持續讓系統學習，增加推薦的準確度。

透過 AI 精準配對，KOL Radar 將在網紅數據收集上強化廣度與深度，更會持續優化使用者體驗，推出產品新功能。iKala Cloud 團隊也將持續挖掘 AI 技術在網紅平台的延伸應用場景，協助 KOL Radar 與品牌主用最少次搜尋數、最小量的點擊數，找到含金量最高的網紅人選，將尋找網紅這件事變得更加輕鬆簡單。而今年初，也因為新冠疫情增溫，iKala KOL Radar 媒合則增加了兩千多件的合作案。

企業面臨數位轉型時，資料蒐集到最困難的分析，兩者可說環環相扣，最後呈現的營銷方向，真要執行時更是一大挑戰。尤其是網紅行銷，哪些人適合公司產品，更是大海撈針。由於新冠肺炎帶起的宅經濟，光是短短兩個多月的時間，KOL Radar 已媒合超過兩千件組合作案，是去年全年媒合總量，可見此波疫情讓廠商廣告預算走到網紅圈！

KOL Radar 媒合流程：
(1) 數據驅動行銷策略。
(2) 精準找高成效網紅。
(3) 完美執行網紅媒合。
(4) 宣傳與廣告投放。
(5) 成效評估與結案。

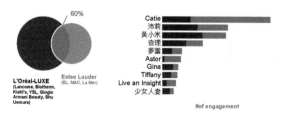

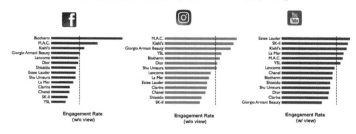

（資料來源：愛卡拉互動媒體股份有限公司）

PART 7

藝人網紅化，政治人物也要當 Super 直播主

藝人直播開店宣傳，個人也經營自媒體

　　這裡我舉幾個藝人合作的例子。我在很久以前是跑教育線的記者，所以 CIRCUS，就是現在有名的 MV 導演廖人帥以及 KID 林柏昇，我在他們學生時期就認識了。當年 KID 林柏昇在花蓮的大學成為「裸奔少年」，我是第一個追到他個人獨家新聞的！很久的淵源，緣份很奇妙。

　　第一個例子是 KID，當時他開了野人火鍋店，在我上了他主持的中天綜藝節目相認後，我們就相約去他新開的火鍋店直播。「吃播」反應很好，因為我們除了美食介紹外，也講相識的過程！這個就是藝人開店很好的宣傳，一個新聞主

持人直播介紹他們的美食，還有我們認識的故事，線上人數在當時直播在 2017 年時，有上千人，還算 OK ！

效果不錯之後，KID 當時的前女友許維恩也開了新的店，是美睫跟除毛的女性保養的店，我們也合作了直播，是接睫毛的第一次體驗！那場直播，大家看到女神許維恩幫我，一個直播主，親自接睫毛，效果非常有趣！而除毛因為是除腋毛（就是刷的撕下那一瞬間），前面我們一直等到人數要到多少時，才撕，果然這網友力量很大，有的網友傳到PTT，有的傳到爆料公社，全部人只為了看許維恩撕除腋毛的那一刻，線上人數也是破了好幾千人。

　　後來，我要在過年做直播特輯，也再去她的新店做直播專訪，後來也因為直播變成朋友了！

　　再來則是廖人帥，當時他因為一支 MV 得了國際大獎，電視台的新媒體知道我認識他，找他上節目，我直播主持，但就比較像採訪型的直播，也回答網友的各個問題！這也是為什麼要「藝人網紅化」，藝人跟網紅的界線越來越模糊了！我們也會在藝人節目宣傳期時，找他們上網路平台。例

如跟本土劇新一代一線男星 Junior 韓宜邦合作，找他做「寵物直播」網路直播特輯，因為他愛狗相當有名，我們就找他上新媒體平台訪問，效果非常好！

| 需要找會煮菜做料理的名人，因為廖人帥非常會做菜，也再度找他上節目做美食！

開直播養粉絲，不用再領 1350 元的電視通告費

　　藝人都朝著 KOL 目標前進，現在無論是哪一個世代的藝人，都沒辦法輕忽新媒體網路節目的影響力。所以現在藝人除了戲劇或節目通告以外，還要利用時間經營自己的粉絲團跟其他社群平台，拍些生活影片跟直播，想要拉近跟粉絲間的距離。而藝人成為 KOL 的特殊性和加分就是，他們往往都有一定的知名度跟粉絲，在宣傳上一開始就會有一定的力度。而在專業團隊的打造下，在鏡頭前介紹商品也都有很好的形象，藝人對鏡頭的熟悉度還有一般拍攝工作的流程也可以掌握得相當好。無論是藝人還是網紅，創造話題的必需性，並在新媒體上發酵的趨勢已經毋庸置疑，在人手一支智慧型手機的時代，人人都有可能在一夕之間成為網路話題紅人，很多藝人也開始利用己身的知名度優勢，開始用心經營社群網路。網路上已經有很多位藝人，除了順應時代潮流還有社會觀感以外，創造了許多高互動性的內容，這樣的內容再加上精確的數據分析，以及少量的廣告操作，藝人就能成為網路上的頂尖 KOL。另外不少藝人，做起自媒體直播，是因為上個綜藝節目拿通告費只有 1350 元，而且還不見得上得了。藝人自己用手機開直播，無論是講自己的生活，讓粉絲更認識你，還是要賣衣服或賣東西，開餐飲業或服裝店的藝人就更加可以善用！可以「零成本養粉絲」，藝人本身的知名度，讓自己做起直播主或開始接企業主的直播活動，能更得心應手！

選戰直播！政治人物老扣扣也要上場玩直播

　　第一次看到教育部長潘文忠開了粉絲團，在過年時開了第一場直播，我打從心裡佩服！2018 年九合一選戰到 2020 年，政治人物如果不懂新媒體、網紅、小編、直播，那你輸的機會可不小！沒想到做過各式各樣生活、消費、美食、財經、科技有關的直播的我，也開始跟「政治人物」直播，一播還上電視和平面新聞，並跟這位政治人物在電視台做了短

影音！

2018 年底，我接了一個 Case，要我做一個政治人物短影音，沒有限定政黨跟政治人物，我打了五個人，三個拒絕了我，一個說要再等等，唯一接的人是當時台南市議員謝龍介「龍介仙」，我說你可以跟我在一個平台做一個比較不一樣的直播嗎？他說好，重點是他根本不認識我！

但要做什麼話題，才不會很政治很無趣呢？我臨機一動，說：「主委，你台語很好，那我們約去 KTV 唱三首歌

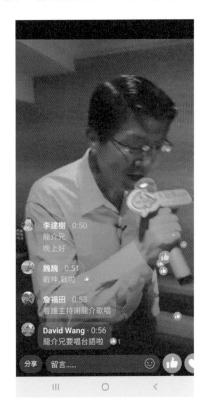

好嗎?」他竟一口答應!一人隻身前來,我原本想讓他唱「空笑夢」中的歌詞,唱:「問世間(世堅)～愛情啊～」另一首是想對現任的副總統賴清德唱什麼歌。沒想到,唱完一首,他那天可能很開心,說我們來開直播讓網友點歌,第二首他對副總統賴清德就是唱「愛你一萬年」,而且還國語台語切換,當時最後都沒有講到政治時事,邊唱邊玩,龍介的粉絲 High 翻了!

在我的直播平台他來者不拒,連當時的「夜襲」、「快樂的出帆」、「母親的名字叫台灣」,網友不管點什麼歌,全部都唱!由於本人是台北人,台語非常破,所以在跟他合唱時,直播時笑梗超多。準備好要拍攝的短影片,後來每剪一則點閱率都破萬!從跟他約訪唱歌,四點半三首歌曲,直

| 和「龍介仙」KTV 包廂外的合照

播衝上上千人；唱到七點，點閱收看衝破十二萬人次！而他人氣很高，在我們下線走出錢櫃包廂，天啊！一整排員工搶著跟他合照！這是我跟龍介仙的第一次直播，先是合體開直播唱 KTV，後上電視新聞，再上平面週刊，最後還在電視台的新媒體部門做新網路節目！

後來我跟主委和網友說今天節目差不多到這了，主委也累了，才結束這場台語 KTV 直播秀。之後電視新聞播出，製作公司和電視台新媒體部門，也找我跟謝龍介搭配主持網路節目 Dragon Show！

因為我的台語實在是零分等級，連水晶主播，都被謝龍介糾正說不是「水耕」啦！十分有喜劇效果，國台語的差距產生的笑點，也讓當時的網路節目在 YouTube 點閱率有不錯的表現！

「水床」更舒適。

▲謝龍介與王宜安節目上秀身手PK
（圖／翻攝自【Dragon Show】）

為了節目效果，謝龍介穿著一身香
蕉色的功夫裝，大秀雙結棍和跆拳
道身手，沒想到服裝竟然穿反
被眼尖觀眾發現「激凸」好尷尬

翁鈴香　3:45
人群好，一念三千人心？更踏實
的冷靜的耕耘，經營自己的未來

黃建陽　3:48
你不來桃園回不回台南投票了 😊

洪小虹　3:51
龍介兄高票當選！ 👏

追蹤並接收中時新聞網的所有直播
視訊最新動態。
●●● 1,581,436 位追蹤者
追蹤

分享　留言...... 😊 👍

而每次的影片，因為夠好笑，無論是講太太李佳芬的愛情，或是生活大小事，不只是政治時事，我們在電視台拍攝的網路影片，也幾乎成了媒體會報導的內容！

　　跟政治人物的 KTV 直播經驗，也讓後來在 2019 年時，有一位總統候選人透過友人，找我去當他的直播新媒體競選幕僚。我跟候選人談了三次，後來我自己因為對政治沒有太多想法，以及我本身在大學教書，也有正職，自己對政治比較冷感，所以後來思考了一陣子，婉拒也退出後來的競選幕僚會議。

　　「你為什麼好好的日子不過，要去當市長？」「走頭無路啊，呵呵呵呵呵……。」這是 2018 年九合一大選前夕，台北市長柯文哲在 YouTube 頻道《木曜 4 超玩》「一日市長幕僚」單元中，與主持人邰智源的對話。58 分鐘的節目裡，「媒體」和「政界」的疆界被打開，邰智源越是大膽問出對市長的好奇，柯文哲就越是坦率地給出回答。這支影片，截至目前觀看次數已超過 1430 萬，成為 2018 年台灣最熱門的 YouTube 影片。台北市長柯文哲是開啟台灣政界與網紅合作的第一人，前前後後攜手的創作者，已數不勝數。隨之而來擁抱這股新勢力的，是總統蔡英文。網紅經紀公司 VS MEDIA 透露，在 2018 年，台灣「公部門」為網紅砸下的廣告預算，相較前一年增長幅度高達 123%。

　　此後，2018 年的九合一縣市長選舉，到 2020 年總統大選，如果沒有粉絲、沒有網軍，Out ！你就算不會直播，也

要開口學做直播，或讓年輕的助理學習新媒體這個數位工具！2018 年，前高雄市長韓國瑜靠著他政治網紅「超會說」的直播魅力，加上網軍力量，贏了高雄市長這場不可能的選戰！

而九合一競選民進黨大敗，到了 2020 年總統大選，民進黨高層痛定思痛，檢討網路媒體政策，研究網路政治學，之後蔡英文除了積極宣傳個人官方 LINE 帳號、Instagram 等，也重啟個人 YouTube 頻道，並發布「小英做什麼」影集，首集邀來兩位知名 YouTuber「魚乾」、「志祺七七」兩人，討論如何經營頻道。

蔡英文還與網紅蔡阿嘎、曾博恩、千千、「國際美人」鍾明軒、波特王等知名網紅合體拍影片，蔡英文也放下身段，成為學霸級的網路達人。另外，我還看到了一個現象，網紅採訪部會首長，而且是部會邀約的「國際美人」鍾明軒去訪問了教育部長以及勞動部長專訪，這是很特別的操作！因為夠衝突，可幫教育部和勞動部的宣傳理念，在年輕人的心中加了很多分數！可能教育部或勞動部買新聞台的業配新聞記者專訪一小時，效果可能都沒有鍾明軒的特殊訪問風格好！當然或許老一輩的觀眾，會覺得「那啊捏」？但未來說不定連記者都會被像鍾明軒的網紅取代！

而蔡英文總統跟以「撩妹」名句著稱的 YouTuber 波特王拍片，兩人有段「非典型」的對話：波特王直言「（總統）如果再繼續跟我相處一陣子的話，妳可能會變壞人。」蔡總

統表示疑問，波特王則回：「因為我想把妳寵壞。」

　　如果在幾年前，這段對話，會被當成是「有失正經」，總統怎麼可以被這樣撩啊！可是時代不一樣了，這麼「不正經」的對話，在網路上才能特紅、超紅、大受歡迎。年輕人愛看，自然抓住年輕人的選票，而蔡英文與波特王合體的影片，在短時間內就破了 100 萬點閱！網路世界，就算你是觀念老扣扣的政治人物，上直播搞笑、不正經，只要無傷大雅，就是加分。想打好選戰，一定要用新媒體和直播，把自己當一個網紅來經營。現在學，還不晚！因為有網軍、小編、粉絲，就有選票！

　　世新大學口傳系系主任胡全威就曾在接受訪問時提到：「直播談政治，網紅話題，年輕人很有感。網紅，也就是所謂的 KOL，也就是我們過去所謂的意見領袖，他們就是扮演很好的角色，幫助政治人物進入、接觸之前沒辦法接觸到的族群、沒辦法接觸到的團體，所以我們現在會看到，越來越多的政治人物喜歡藉由網紅這樣的族群，跟他們的粉絲互動，然後擴及自己的能見度。我覺得它會是雙面刃，原因當然第一個就是，網紅自己本身的一個特質，第二是這個網紅萬一現在是支持，下一次又開始批評這個政治人物的話，我想對政治人物來說，也是一個重傷。」

首位以網紅身份選上台北市議員的「呱吉」

　　我曾經訪問過一個網紅，他是現任台北市議員「呱吉」，

| （翻攝：TNN 滔新聞）

　　當時我在做直播節目總監，他當時的身份是網紅，我覺得他是個很酷的網紅，就約了時間訪問他。他說他很少接受訪問，（當時大約花了快一個月的時間才約訪到）因為他說，大部份的影片，他都自己想破頭，想影片腳本、自拍自剪輯，真的比較沒有時間接受訪問！

　　呱吉在 2015 年創業開拍影片，2017 年開始現身自製片中，以幽默和大膽實驗精神，帶動影片流量向上攀升，《上班不要看》和《呱吉》YouTube 頻道各擁有 79 萬及 57 萬訂

| （翻攝：TNN 滔新聞）

閱數。到目前他擔任信義區議員後，2020 年他在百大網紅排名還在 70 名！我採訪他時才知道，他過去的經歷，曾在北京迪士尼辦公室工作，也擔任過知名手遊《神魔之塔》的台灣負責人。從過去的工作到後來創業做網紅，「數字」對他都很重要！會去參選的動機，是世大運時，呱吉與台北市長柯文哲合作拍攝世大運宣傳影片，他跟柯文哲幕僚私底下

聊到選里長的企劃，沒想到幕僚們認真給了建議，「他們認為比起里長，呱吉選市議員更有勝選機會。」

就這樣，呱吉（本名邱威傑）前往戶政事務所花八十元將名字改為「邱議員」，當時仍有很多人認為參選只是他其中一個瘋狂的企劃。直到 2018 年 8 月 30 日，呱吉正式登記成為松山、信義區市議員候選人，大家才確定這位 YouTuber、創作者、網紅，是認真要跨足政治界。而長期拍攝影音的他，如果你是他的粉絲，看過他的影片，會知道勝選是因為他真的很有「說故事」能力，與選民溝通更容易！

為了勝選，呱吉需要擴大影響力，盡可能接觸到更多的潛力選民。他的勝選方程式很簡單，用網路社群，抓住年輕人的心，再讓他們進一步說服親朋好友投票。

他相信自己長久以來透過 YouTube 影片、直播，已經累積了不少理念一致、20 至 40 歲的青壯年觀眾。我記得，那時訪問完，我問他下一步你要做什麼？

他說選市議員，我以為他在開玩笑，還說我是信義區的喔，可以給你一票！沒想到他累積的社群平台的影響力，真的讓這位會用影音說故事的「網紅」，初闖政壇就成功，成為第一位踏入政壇的 YouTuber ！

當高高在上的政治人物加上親民的網紅無俚頭用語，碰出的火花是你無法想像的，除了高度在網路擴散，最主要就是把年輕選票吸進來！

所以為什麼從 2019 年、2020 年，「政治人物＋網紅」

拚選戰成為選戰宣傳趨勢。全台上網人數，高達 1866 萬人，在虛擬世界中，崛起的網紅風潮，在 2020 大選完，持續地吹進了政治圈，而且「新媒體渠道」更是政客必要有的宣傳管道了，不但有的立委自己有 YouTube 頻道，再老的政治人物也開始直播，使用臉書粉絲團，甚至也固定在像 17APP 等年輕的直播平台出現。

　　2020 年九月，我跟民進黨不分區立委林楚茵進行韓國美食直播，因為我們倆都是韓國通，韓國文化迷！大家各有各的粉絲，但介紹韓國美食和文化完全不需要稿子和腳本，因為都是媒體同業好朋友，加上政治人物也需要讓他們的粉絲去了解她的私生活或是興趣！基本上，經過 2020 大選後，政治網紅化或是你要說「新媒體」和「任何網路平台」，都成為平日宣傳的最大武器！很多政治人物的團隊現在除了必備助理外，攝影團隊、拍影片的攝影器材加上小編，已經是很多政治人物的必要選戰攻略了！

　　我自己印象中的幾網紅＋政治人物的經典橋段：

- 國民黨總統參選人韓國瑜：「你可以討厭我，也可以不要投票給我，沒問題，但是麻煩，必須了解我。」
- 總統蔡英文 vs. YouTuber 蔡阿嘎：「新南向政策，新南向政策，喔。」
- 蔡英文合體網紅，台語搶答、推政策。
- 鴻海創辦人郭台銘 vs. YouTuber Joeman：「傳說中富豪家裡都要有的暗門。」

| 與韓國通立委林楚茵直播

連郭董，都找來網紅，拍攝自家豪宅的開箱文。網紅狂潮，席捲政治圈，不分黨派的網紅熱，也成為非典型選戰中，政治人物貼近民眾，擴散力最大的表現平台。

對於觀眾來說，大家想看的並非「政治人物網紅化」，而是政治人物和網紅互動時，呈現出來的「真實樣貌」，不是質詢時硬梆梆的樣子！就像我跟謝龍介直播 KTV 那天，我只知道他台語非常好，但他穿個牛仔褲就來 KTV，而且還大唱特唱！會唱還有「笑」果！對於政治人物來說，也可以藉由輕鬆的傳播方式，傳遞給原本不感興趣、不熟悉議題的的閱聽眾。

從 2014 年的柯文哲，2018 年的韓國瑜，到 2020 的蔡英文，可以看出來每個時刻都有典型的網路政治高手，未來政治網紅也一直在升級。或許不是每一個政治人物都會成為網紅，也不是每一個政治人物都能成為全國等級或是國際網紅，不是每個從政者都是唐鳳。但最重要的關鍵是政治人物能成為網紅（指的是在網路上有影響力，有為數眾多跟隨者的魅力人物），要在網路上累積影響力，首先要有必要的特質，也就是「經常主動將自身言行發布於自媒體或社群媒體上，與群眾保持各種互動」。無論是透過個人臉書直播、IG、自製 Youtube 短影音，或是花錢找政治公關公司或社群行銷公司幫忙造勢都可以，前提是要嘗試運用社群媒體！

PART 8

·
·
·
·

直播的運用及如何成為一個好的
直播主

　　我做過的直播，四年至少超過兩百場，美食產業、明星、政治人物、醫師、營養師、餐廳宣傳等等，我甚至連現場針灸的直播也做過！另外資策會的 AI 人工智慧、機器人、雲端科技企業、美妝直播、手機產業，網路直播節目型態的則有命理、電影宣傳、歷史節目的直播節目，當然也有即時新聞類直播，各式各樣的直播都有！所以我想我的經驗可以給大家做參考。

| （畫面翻攝：TNN 滔新聞、朵薇診所）

如何做一個專業又多元化的直播主？

　　案例一：全台首家 NBA 旗艦店全程記者會加直播介紹

　　這裡我要講的一個例子，是直播經歷中，難度破表第一名的直播，那就是全台第一間 NBA 旗艦店的記者會。電視台的新媒體及業主對我過去的直播很滿意，指定我當直播記

者會主持人，但我根本沒有看 NBA 啊！而且那天有 NBA 的球星來。我接到這 Case 一則以喜一則以憂，我馬上打電話給我的大學同學，也是知名體育主播，說：「我⋯⋯NBA 旗鑑店找我直播。」然後對方反應也嚇傻了！NBA 有哪幾

隊，幾號球員，什麼特殊球衣我真的都不知道，一個星期的時間，我都在看 NBA 要來的球員和 NBA 各種球衣的種類，因為記者會直播完還要把整層 NBA 旗鑑店介紹一遍，直播前狂 K 資料還不夠，因為我在行的就是「看畫面說故事」以及訪問。

我跟節目單位建議找我的大學同學知名體育主播來當我的來賓，經過協調溝通，業者同意加入，讓這場直播在整場接近快兩小時的直播完全無冷場，專業度加分！這場直播同時在電視台新媒體播出外，也同步在 NBA 旗鑑店粉絲團及西門町的大螢幕牆同時直播 LIVE 播出！就算你做了功課只有六十分，但當你站在直播鏡頭前就是要「我很有自信！」、「我一定可以」、「我是專業的」。在這裡我也補充下，傳統媒體的訓練功不可沒，讓我在面對鏡頭不怯場。因為以前新聞來時，就算不是你的線路，也要馬上衝到現場做 SNG 連線，對於走位直播到看畫面說故事能力以及不 NG 的能力，都是我在傳統媒體 17 年棻下專業的根基，讓我直播流暢度高。在你上線倒數「五四三二一」時，無論電視和直播你都要是最 OK 的狀態！

案例二：數位時代未來商務展直播，難度破表的第二名

在這場直播中，因為過去有做過所謂「硬財經」或「產業趨勢」訪談型直播，數位時代未來商務展的直播訪談，就找了我。我看了下有直播產業的媒合、介紹工程系統，你必

須先跟受訪者先了解一小時，才能用「平易近人」的語言，舉例給受眾。其實這樣的受眾還是不少會上線問問題的，只是這個時候，你不懂，不要裝懂，要在這樣類型直播訪談中，除了聽從受訪者的解釋，直播主持人從中再去幫觀眾問問題，也要隨時幫網友再回問這些企業專家網友在線上問的問題，一一解惑！

遇到大人物，你要可以即時直播，別錯過任何機會

案例三：獨家直播專訪 Gogoro 的創辦人陸學森

我覺得要做一個好的直播主或直播主持人，除了口條好，如果你剛好顏值高，那更加分。但最加分和最重要的是，隨時要做好功課，各個產業基本知識都要了解，你可以把你未來接的 Case 做得更不單一、更多元！

在數位時代另一個每年都會辦的 Meet Taipei 創新創業嘉年華，在早年 Gogoro 剛出來沒多久，我在新聞台財經中心跟其他新聞台要訪 Gogoro 的創辦人陸學森，他都沒有接受訪問（這一兩年有出來接受專訪了）。

而我在這個場子，遇到連電視台新聞台要專訪約了一年都約不到的 Gogoro 的創辦人陸學森，我馬上回報新媒體平台找攝影，一邊凹他的特助給我們五分鐘專訪，最後我順利了訪問了十五分鐘的直播獨家專訪。我想跟傳統新聞人一樣，你要有專業有點料，不然他臨時走向我，如果你內心還在擔心直播會不會問錯問題？要問什麼？反應就慢了！基本

的市場面，總可以問吧？而接受訪問時，他也開心的接受網友的提問，一一回答！

遇到完全不懂的產業，抓住吸睛重點，馬上開啟「熟悉度直播模式」

案例四：臨危授命的直播，並直擊 So-net 台灣的公司

So-net Entertainment Taiwan 是日本 Sony 集團網路事業在台分公司，要求我做直播介紹。我趕快上網，啊！原來是電玩、遊戲，問朋友才知道這遊戲很紅很紅，總之朋友說白貓最紅，黑貓也是！於是我把《白貓 Project》、《問答 RPG魔法使與黑貓維茲》這兩個遊戲記住，記住重點「白貓跟黑貓」。因為只有兩三天的時間可以準備，我一開場就以「白貓跟黑貓」當重點介紹，再一起直擊台北總部，我馬上開啟「熟悉直播模式」！把白貓跟黑貓的故事介紹了重點，還一

起玩遊戲抽獎，當抽獎抽白貓跟黑貓產品時，直播線上人數之高，我才知道這個電玩遊戲真的很火紅！連白貓的馬克杯網友都搶著要！直播時，也遇到很好的公司代表，加上我對直擊企業邊看畫面邊說故事的功夫爐火純青，17 年的傳媒經驗讓我一點都不怕！我找出這場直播對粉絲來說最重要、

最吸睛的重點，就是「白貓跟黑貓」，就算你沒有玩過這遊戲，也千萬不要怕。這場直播收視很好，互動性也高。

好的直播主，會親身體驗，讓你就像在現場

案例五：2016 Meet Taipei 創新創業嘉年華

2016 Meet Taipei 創新創業嘉年華的直播，共有三天，有來自不同國家的新創公司、新科技發明、生活創新內容等等，還有主辦單位安排的女力創業的訪談直播。我不只做直播，而且親身體驗。VR 針灸讓初學針灸的人，可透過 VR

學習。我在邊看 VR 時還要去點穴道，跟粉絲講反應，我要求我的小編幫我拿麥克風收音的同時，跟我說網友問我的問題。我隨時回應線上網友體驗 VR 針灸有什麼感受。果然一堆粉絲覺得有趣，問明天還有嗎？第二天想來親自體驗！只要能體驗新發明都自己去試一次，直播主講出自己在玩的最自然感受，讓粉絲好像就在看直播的時候，陪著你玩，陪著你感受，就像他們親臨現場！觀眾因為看了你的直播親自到展區來，那這場直播你就成功了！

請你放下偶包吧！

案例六：金牌大健諜直播，現場臉部針灸，埋線露肥肚
我幾乎是放下了以往的新聞台主持人形象，因為這是一場中醫師介紹臉部針灸、埋線和還原錯位的身體直播。我們

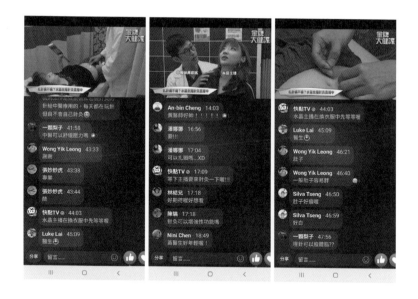

除了拿手板問答介紹，也親自下場體驗，畫面、直播臨場感、主播的感覺如何，都是讓網友上線的數字跳上來的原因！尤其當網友看到你為了網友痛的半死，臉全紮滿針，最後在讓大家看前後比對，這就是最真實的直播！腳要抬起治療，我就沒包袱的讓中醫師治療，真的得埋線，那時有點胖的我，還是露出肥肚讓中醫師埋線！印象深刻的是，滿臉都是針時，線上人數衝到最高！老實說有畫面比訪談有趣，當直播主願意親身體體驗痛的感覺，大家可能更理解如果是自己來針灸時可能會遇到的狀況（附註說明，每人痛感不同）。

特殊性夠的直播，多接觸！增加廣度、知名度，不同 TA 的接受度

案例七：找會播氣象的主播以播氣象的方式在網路直播購物台，以播新聞方式的直播，帶到他們賣的商品

去嘗試各種你覺得新奇有趣或以前根本不敢做的直播！比方有一場 MOMO 購物台來的直播案子，他們要找一個會播氣象的主播，做購物台網路直播，剛好我做過氣象主播，颱風來時的氣象局連線都難不倒我，加上當時我已經接了很多的直播了。但想到購物台直播，我怎麼可能會變成購物專家？我就不是叫賣的料啊！後來這場直播用一個播新聞的方式來賣一個夏日產品，還只一個喔，將近一小時，前面先播氣象說現在有多熱；接下來是出現要賣的小電風扇，而且我還現場要做實驗；然後就像播新聞的方式介紹夏天可以去哪裡清涼一夏的飯店度假，最後再跟網友講解互動玩遊戲！非常忙碌的直播，還好有受過新聞台的經驗，全程沒有提字機，也沒有先預錄，但因為直播方式很特別，從播氣象開始，所以上線人數和分享數很高！

而對我來說，我會去網路購物台直播這場，吸引我的是他的腳本模式跟過往的直播很不一樣。後來聽說這個巧思也是 MOMO 第一次的嘗試，非以叫賣型的方式來賣。我自己則是覺得，特殊性夠的直播多接觸，會有很多可學習的機會：

(1) 增加直播主直播經歷的「廣度」和多元性。

(2) 愛看網路購物台直播的網友會因而認識你，多了不同的 TA，也因為多元直播你都可以做，「知名度」也會累積。

(3) 連特殊性質的直播若都能做的好，你的直播履歷上，會被多業者信任，「接受度」會更高。

(4) 當各種直播平台都有我，表示我又在直播中多了名氣。

做一個總結：

· 做足功課不怯場，讓什麼產業都可以找你直播。

· 放下偶包，把粉絲當你的朋友，但也請你不要在意不喜歡你的網友的批評。

· 訓練「一直講」的能力，即使冷場也不要怕，人數掉也沒關係，把它當練習。一開始雖然人數少，但一直做下去，粉絲會記住你的。

| （翻攝 MOMO 台 FB）

PART 9

·
·
·
·

直播的未來與轉型

浪 LIVE 直播因應新冠肺炎病毒疫情的轉型

　　陪伴型直播也面臨轉型，因應新冠肺炎病毒疫情來臨，讓線上直播和線上直播教育更受到重視。

　　這次疫情來勢洶洶，不僅打亂了日常，也打亂了民眾消費和生活習慣，直播平台「浪 LIVE」直播，從過去單純的的年輕直播主秀才藝、表演唱歌的網紅直播內容，也開始轉型跨產業結合，浪 LIVE 直播平台就在業界間，首開先驅，為不同產業開拓了新的商業模式，和線上線下結合嶄新面貌。比方過在去浪 LIVE 直播間大多看到的是打賞型的素人陪伴型直播，在 2019 年 12 月 29 日武漢封城後，疫情蔓延，

不少陸生因此無法回台就學，遠距教學的迫切，浪 LIVE 平台低延遲、強互動的特色，成了不少大學老師的首選，紛紛在平台開播上課引領話題，為了盡份心力，浪 LIVE 僅花三天時間趕工，特別開發一套獨立教學軟體 APP「浪

School」，捐贈予教育部使用；也特別也請我在上銘傳上直播課程同時拍攝宣傳影片，宣導軟體淺顯易懂的六大功能，也透過課堂分享，讓學生認識直播平台不同的使用價值。

另外，台中市政府地政局每年的講習課程，為了避免群聚，十一個地政事務所一百多位同仁，一起上透過浪 LIVE 遠距教學，有人直誇：「老師好厲害，雲端幫大家上課。」兩個半小時的互動熱烈，讓沉悶的大數據分析不動產的衝擊講座，變得更輕鬆有趣。未來線上直播課程或是線上座談直播，也將成為趨勢！

「零接觸商機」是疫情中衍伸出的新名詞，簡單說，就是透過線上交易，減少接觸，直播本來就是零接觸的概念。因此，因應疫情，浪 LIVE 也看見不少業者這方面的需求。

今年四月九日中央流行疫情指揮中心下令，全台酒店和舞廳全面停業，不少夜店早嗅到生意受到影響，乾脆自主關門歇業。業者沒生意但又不想坐以待斃，這時為自己開闢另一條生路，北、中、南總共六家夜店，陸續和浪 LIVE 聯名線上開播，「線上雲蹦迪」一鳴驚人。一開播引發熱議，短短兩個小時創造台幣兩百萬的收益，也推出「線上打賞、線下消費」的新商業模式，不只替業者開了一線生機，也為疫情的娛樂產業打開新的商機。除了教育和娛樂之外，疫情當下避

| （浪 LIVE 直播提供）

| （浪 LIVE 直播提供）

免人與人接觸，浪 LIVE 也與廟宇合作，直播百廟祈福的活動，除了連續四天的法會直播，也有直播主現場直播分享，累積熱度外，更創下八千觀眾同步觀看的數字。為了配合中央宣導，同時跟王牌金曲製作人凃惠源合作防疫歌曲「You Are My Hero」，從四月六日起一連七天，平台內千位直播主一同於晚間八點開播，希望透過直播主的影響力，傳唱防疫歌曲「You Are My Hero」，向全台醫護人員致敬。

傳統媒體勢必要與新媒體結合

因為新媒體直播，電視台傳統媒體將終結？而新媒體如17APP也難道只能一直做陪伴型的直播？靠漂亮妹妹表演打打賞？17APP知道必須要再做大直播的格局！2018年開始，17 Media 攜手與各大電視台的節目部推出亞洲首創即時互動益智節目，像是先以八大電視台合作《17好聰明》，提供「多觸點跨螢節目」功能，突破直播平台侷限，讓手中直播互動討論可以跟電視畫面同步即時，甚至與參與演出的節目來賓即時互動，讓家人與朋友間不是只看著小螢幕互動，而是可以共同看直播一起互動，未來即使追劇，也能一起討論或投票選結果，讓看電視能更有趣。

隨著行動裝置、直播工具快速發展，如今觀眾收視追求更即時的互動，不僅傳統電視節目力拼轉型，線上媒體也積極利用新科技擴大使用版圖。17 Media 透過直播平台與電視台同步放送節目新形式，縮短老、中、青三代觀影行為的差異。

《17好聰明》構想源自於 17 Media 自 2017 年 11 月推出的直播平台益智互動節目《17Q》，《17Q》以每日兩場時段、每場提供十二道猜謎題目與用戶互動，節目開播以來創下最高參與人數達百萬的紀錄，帶動平台黏著度兩個月內成長三成。而《17好聰明》結合小螢幕與大螢幕優點，男女老少皆可體驗益智遊戲答題的緊張感，讓觀眾跨越線上與

線下的空間藩籬。

　　新媒體顛覆台灣電視內容製播生態，M17 Entertainment 集團財務長顧尚修表示，預估在 2020 年多觸點跨螢節目的內容占比將超過 50%，未來也將持續以即時互動技術結合傳統節目製作的經驗帶來新內容，期望達到 1 + 1 > 2 的結盟效果。多觸點跨螢策略整合重點不在技術，而在內容本身，節目製作需跳脫傳統媒體框架，才能活絡影視娛樂市場。

　　過去十年來，台灣電影在新技術加持下有了跳躍式的變革，反觀電視環境則處停滯期，僅存採購與授權功能，無太多自製新內容的機會。如今透過即時、互動性高的新媒體，也許傳統媒體與新媒體直播的結合是個新的方向。不過，市場變化之快，傳統媒體與新媒體聯手出擊，還須面臨市場掌握度等種種考驗。

　　跟八大電視台合作後，《17 Media》再與台視、中天電視台進行節目合作，台視互動直播益智節目《台視 17Q》繼與 17 直播社群平台多屏互動後，再度延伸合作觸角與日本 Sony 企業在台分公司 So-net（台灣碩網網路娛樂（股）公司，以下簡稱 So-net）旗下手機遊戲《問答 RPG 魔法使與黑貓維茲》跨界合作，達到手遊、直播與影視的三方創新結合，成功將高人氣大型綜藝節目《台視 17Q》IP 化！與台視這次合作不僅是跨界、更是跨國合作，導入線上直播與手遊的合作，透過益智問答這個共同點，將手遊與電視節目串聯在一起，《台視 17Q》與《問答 RPG 魔法使與黑貓維茲》

雙方的用戶都能享受到不受時間與地點限制的答題樂趣。而台視互動直播益智節目《台視 17Q》，不但敲響金鐘奪「非戲劇類節目導播獎」後，也入圍了 2019 年亞洲影視學院獎（Asian Academy Creative Awards，簡稱 AACA）的台灣「最佳品牌系列計畫獎」（Best Branded Programme or Series）。

中天電視也與 17 Media 首度跨界合作，推出全新即時互動的音樂益智節目《17 金麥克》，新媒體直播再加上電視台合體合作，共創雙贏。2018 到 2020，選戰打的火熱，新聞台也同步在政論節目上，開上節目粉絲團的留言框，讓主持人直接回答網路上網民的提問和意見，這應該也是電視當年 Call in 節目的網路直播 2.0 版吧！

企業主對新媒體的信任度增加，整體行銷更加分

在 2016 年中，我開始做直播時，台灣的直播還沒有開始盛行，台灣大約比大陸晚個一兩年，無論是行銷公關產業或是企業主，對於直播、網紅這些新媒體，其實接受度沒有很高。隨著 KOL（網紅）這個名詞被大家開始注意到，他們採取的是先試看看看效果如何，畢竟沒有試過，不曉得直播或網紅對企業主宣傳，效益有多高。後來如同現在看到的結果，人人都可以當網紅！

比較早期開放接受新媒體直播的，我舉一個例子，那就是礁溪老爺酒店，尤其第一次跟我參與直播的老爺酒店執行長沈方正，不像一般企業經理人，他願意自己下海互動直

播。我跟礁溪老爺酒店的淵源頗深，從我還是傳統媒體聞台主管就認識我，到我自己變成大家口中做直播的網紅，當時，他們做了一個「紅衣小女孩」的主題，我跟公關討論要不要試試看跟平台直播，沒有想到沈總是個接受度非常高也願意接觸新媒體觀念的人，我們就在沒有先試一次走位的情況下，兩人在平台進行直播。效果、觀看人數都不錯！尤其沈總自己出來介紹菜色，又到了粉紅色的主題房，裡面有三千多顆氣球，他可以在直播中自己玩的很開！

通常很多飯店企業高層都不會自己上場直播，而是找公關。一個企業主在直播還沒有盛行時，就看到直播的可能

| 礁溪老爺酒店，與總經理沈方正直播

性，是一個非常棒的企業！他們不但有原有的傳媒、部落客、美食家宣傳，也加入直播網路這個新的媒體渠道，從行銷到公關都再加分！2019年我再度受邀，一次是露營區的體驗，用網紅的模式在IG和臉書宣傳。這時網紅的情境美照就很重要！

另一次是2020年夏季嘉年華三天兩夜的活動，他們找了美食網紅來行銷體驗，而我也用不同的方式行銷！在一群記者、美食部落中，我是用「水晶主播」的名字受邀，四年前是中天產經中心主任。我這次用短影音拍攝，放在我的臉書社群，比較靜態的就放在IG跟粉絲團和個人臉書。不少的企業主開始接受新媒體，無論找網紅來代言，還是拍影

片、直播，企業主發現或許直播主或網紅可以大咧咧的介紹自家企業或品牌，但傳統媒體可能無法。新聞業配的錢可以找一兩個還算中等以上的網紅或直播主全程配合播出。而比較走在前趨的企業，提早接觸直播、KOL、短影音、網路節目，的確有優勢，若再加上傳統媒體的原本的基底宣傳，可以為企業達到加分的效果！

直播未來將與目前韓國歐美最流行的 Podcast 進行結合

　　Podcast 中文譯名為「播客」，是一種透過網路接收音訊的媒體，發布者將音訊、影片、電台等等以 RSS 訊息來源輸出形成列表，上傳網路發布，然後聽眾經由電子裝置收聽和下載串流的電子檔，從而接收其內容。Podcast 和廣播有什麼不一樣？ Podcast 可以簡單理解為類似「網路廣播」，形式上跟 FM 調頻傳統廣播還是有些不同。

　　Podcast 屬於「隨選隨聽」機制，結合 RSS 訂閱功能，

有新集數上架時會出現在訂閱者的清單列表裡，用戶可以在列表中選取想聽的集數，不受播出時間影響，而且可下載離線收聽。

有 YouTube 了為何要聽 Podcast ？也有人把 Podcast 形容成「聲音的 YouTube」，雖然有些 Podcast 也是有影像的，但大多數 Podcaster 更著重如何藉由聲音呈現內容，讓聽眾單純聚焦在談話的部份，類似廣播和電視的區別。由於 Podcast 跟廣播一樣只需要用聽的，在無法一直盯著螢幕的狀態下（例如開車、跑步等等），收聽 Podcast 可達到消磨時間又寓教於樂的功能。我自己剛接下「好好聽 FM」的播客的兩個節目，一個講韓國文化，節目名稱叫「水晶歐妮韓流通」，目前錄了四集，都占排行榜第一名，並已累積 75 萬名粉絲

聽眾。另一個節目是與另一位主持人，講職場與歷史。播客時長約六到十五分鐘，是「聽」的短影音，目前設有直播棚和影音棚，未來的播客，也會以直播或短影片結合！有人說2020是Podcast元年，或許可與直播擦出「新新媒體」，有不一樣的火花！

王宜安加入好好聽FM Podcast 頻道，以新身份開節目「水晶歐妮韓流通」

······

PART 10

直播之於我：人生不要怕改變

接觸直播，讓一個傳統新聞人學到了什麼

　　我很幸運，在台灣直播還沒開始盛行的時候，有不少機運，讓我走進直播產業和新媒體的世界。我之前電視台SNG和當主播的訓練、經驗長達17年，讓我有很好的說故事能力和直播的基本功，也讓我在大陸主持直播節目就算兩小時也可以不斷線一直講，就算拿手機開直播，也知道畫面要怎麼拍、人數下來時要轉議題。

　　當我從傳統媒體到新媒體，從以往的新聞記者到直播主，我訪問了更多產業人，後來不同產業找上我直播或開直播節目（命理、政治、政府各類型的政策宣傳、遊戲、國際

體育），這些不熟悉的領域，我必須更用功，讓廣度更廣，讓網友的接受度更高。另外，直接和群眾互動，我必須學習如何在保護自己的情況下讓粉絲喜歡你，擁有黏著度。

當我從高高在上的新聞台主管成為 KOL 網紅、直播主，我放下了偶包，我會讓粉絲更貼近我最自然的一面，即使叫我素顏做直播也 OK。直播因為要馬上回答，所以除了要「專業」、「用功」，「還要用盡全力當做每一場直播都是一個新的學習跟挑戰」！我不會因為不會而不去做，而是努力學

會它，讓自己在直播產業上累積更多的資歷！

　　直播對四年前的我，是無心插柳的新鮮事，成為網紅、直播主，成為「水晶主播」，更是我根本沒有想過的事，現在這四、五年的經歷，除了直播，自己也多了新媒體系大學老師的身份！

新媒體天天在變，不停地充電加分，Try My Best

　　進入直播世界短短四、五年的我，除了讓我自己改變很多，也遇到太多新鮮有趣的事。日前因為新媒體直播主身份，在一場新媒體研討會上，我直播訪問到電獺股份有限公司的創辦人謝綸，後來去他們公司參觀。因為我的朋友們都在聊機動戰士，剛好電獺股份有限公司跟我們也在討論有沒有合作的機會，我沒有選擇我熟悉的美妝和美食，而是想接觸新媒體中我沒有做過的產業！

　　他們有找網友做短影音節目叫辣机製造所，裡面有一個

單元就是介紹鋼彈，組各式 HG、MG、RG 鋼彈的模型，我跟所長說，我想跟你們合作的是這個單元，於是只聽過朋友講機動戰士有多感人的我，跟裡面另一位年輕網紅開箱介紹機動戰士的劇情，以及在節目中組鋼彈的模型。從沒有看過機動戰士的我，去看了影片和電影，我更為了做好節目，在三週內，在家自組學會六七個鋼彈模型！

人生不要怕改變，「挑戰更多你完全不會的事」

網紅水晶不是要跟大家說我有多強，而是要告訴大家，做新媒體，無論直播或短影片，你接觸的產業更多元，看到你的粉絲更不一樣！TA 也不一樣，知名度自然而然會上

升！業主找你合作的機會也會更多類型。當然這是我個人的特殊經歷，有些人就想專注做好美食網紅、美妝網紅或是科技網紅，那也是對的。因為有固定的 TA，接固定產業的合作案，經營特定族群，這也是目前大部份的網紅走向。

但對我而言，直播這件事，它只是我半個主體事業。比起賺錢，更重要的是，它卻教會我學會「挑戰更多你完全不會的事」！

直播我是「從零到接了近兩百場」！它讓我在四年內，接觸各種企業和產業，合作新的行銷模式，更讓我有了去挑戰你從沒有做過的事的「勇氣」！我從來沒有沒有想過我會成為網紅，去做直播主持人，更沒有想過我會去大學當老師，一教教四年，教的還是直播與新媒體。我想說的是，人生的不小心，新事物來了，就勇敢嘗試。以往我們都會害怕改變，但當遠離舒適圈的我，沒有了傳統媒體主管的光環的我，一個人開啟了這場直播產業的奇妙之旅，也有許多意想不到的收穫。「人生不要怕改變」！

Win 25

從主播到直播：水晶主播王宜安獨家分享直播祕訣

作　　者 — 王宜安
圖片提供 — 王宜安
編　　輯 — 陳萱宇
副 主 編 — 謝翠鈺
封面設計 — 林芷伊
美術編輯 — 菩薩蠻數位文化有限公司

董 事 長 — 趙政岷
出 版 者 — 時報文化出版企業股份有限公司
　　　　　　108019台北市和平西路三段二四○號七樓
　　　　　　發行專線 — (○二)二三○六六八四二
　　　　　　讀者服務專線 — ○八○○二三一七○五
　　　　　　　　　　　　　(○二)二三○四七一○三
　　　　　　讀者服務傳眞 — (○二)二三○四六八五八
　　　　　　郵撥 / 一九三四四七二四時報文化出版公司
　　　　　　信箱 / 一○八九九　台北華江橋郵局第九九信箱
時報悅讀網 — http://www.readingtimes.com.tw
法律顧問 — 理律法律事務所 陳長文律師、李念祖律師
印　　刷 — 勁達印刷有限公司
初版一刷 — 二○二○年十二月二十五日
定　　價 — 新台幣三二○元
缺頁或破損的書，請寄回更換

從主播到直播：水晶主播王宜安獨家分享直播祕訣 / 王宜安作.
-- 初版 . -- 臺北市：時報文化出版企業股份有限公司 , 2020.12
面；　公分 . -- (Win ; 25)
ISBN 978-957-13-8494-8(平裝)

1. 電子商務　2. 網路行銷　3. 網路社群

496　　　　　　　　　109019574

ISBN　978-957-13-8494-8
Printed in Taiwan